>>> 개정증보판

통신공학실험

김성운 · 류지열 · 이원창
주문갑 · 홍준표
공저

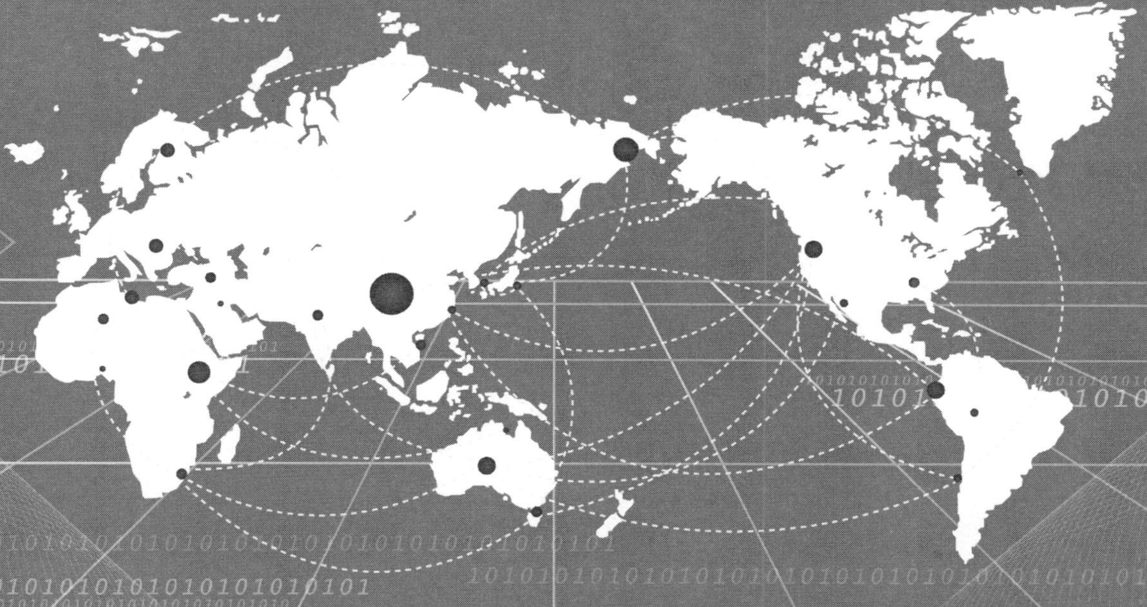

Communication Engineering Experiment

홍릉과학출판사

머리말

이 책은 최근 전자 및 정보통신공학분야에서 중요하게 다뤄지고 있는 통신공학 관련 실험 기술에 관한 것이다. 정보화시대라는 시대적 요구에 발맞추어 통신 분야가 중요학문으로 발전하고 있지만 학생들의 실험능력을 배향시켜줄 실험교재가 희박한 실정이다.

그러므로 이 책에서는 아날로그 통신이론을 실험하는 진폭변조, 주파수변조 기술부터 디지털 통신이론을 실험하는 각종 디지털 변조 기술에 관한 실험까지 다양한 내용을 다뤘으며, 특히 실험회로를 IC나 수동소자들을 이용하여 모듈화 하였고, 이러한 모듈을 이용하여 좀 더 쉽게 실험할 수 있도록 함으로써 최근 널리 이용되고 있는 통신용 실험키트를 이용한 실험교재로 재편성하였다.

아울러 위상고정루프(PLL: Phase-Locked Loop), 주파수/전압 변환기 및 코드 분할 다중화(CDM: Code Division Multiplexing) 방식 등도 다루었으므로 학생들은 본 교재를 이용하여 실험함으로써 통신이론 및 통신기술을 체험하고 이를 습득할 수 있을 것이다.

본 교재의 대부분은 전자관련 기초실험과 통신이론 과목을 이수한 대학의 경우는 3학년이나 4학년에게, 전문대학의 경우도 2학년에게 적합하도록 구성하였다.

저자는 최선을 다하여 이 책을 집필하였으나 여러 가지 미비한 점이 발견될 것으로 생각된다. 독자 제위의 엄격한 충고와 의견을 기다려 지속적으로 수정 보완할 것을 약속드린다.

끝으로 이 책이 나오기까지 애를 쓰신 집필진과 출판사 및 관계하신 여러분께 깊은 사의를 드린다.

2016년 8월
저자 올림

차 례

실험 1 진폭 변조(AM: Amplitude Modulation) 및 복조

1. 실험 목적

본 실험을 통해

- 오실로스코프와 함수발생기를 사용하여 여러 전압 신호의 진폭과 지속시간(주기)을 계산하고, 측정한다.
- 진폭 변조기를 구성하고, 포락선 및 변조율을 확인한다.
- 포락선 검파기를 구성하여 진폭 변조기와 연결하고, 변조된 신호가 포락선 검파기를 통해 다시 복조되는 것을 확인한다.

2. 기초이론

2.1 오실로스코프(Oscilloscope)

오실로스코프(Oscilloscope)는 기술자나 공학도가 사용하는 가장 중요한 장비이다. 이 장비는 시스템의 동작 특성 정보를 전압 신호로 나타내어 눈으로 볼 수 있게 하지만, 보통 멀티미터는 이러한 기능이 없다. 처음에는 장비가 복잡하고 익히기 힘들게 보일 수도 있다. 일단 오실로스코프 각 부분의 기능을 이해하고 여러 실험을 통하여 사용해 보면 이 장비와 관련되는 여러분의 전문지식은 급격히 발전할 것으로 확신한다.

신호를 화면에 표시할 뿐만 아니라 정현파 또는 비정현파 신호의 평균값, 실효값, 주파수, 주기 등을 측정하기 위해서도 사용할 수 있다. 화면은 수직과 수평 방향으로 센티미터 눈금으로 나누어진다(1cm/div). 수직 감도는 전압 감도(volt/div), 수평 눈금은 시간 t(s/div)로 되어 있다. 만약 어떤 신호가 20mV/div의 수직 감도에서 6칸(div)의 수직 눈금을 차지한다면 신호의 전압 크기는 다음과 같이 계산할 수 있다.

$$\text{신호 전압의 크기} = \text{전압 감도(volt/div)} \times \text{수직 칸수(div)} \quad (1.1a)$$

$$Vs = 20mV/div \times 6div = 120mV \quad (1.1b)$$

동일한 신호의 한 주기가 수평 감도 20ms/div에서 수평 눈금이 8칸을 차지한다면, 신호의 주기와 주파수는 다음과 같다.

$$\text{전압 신호의 주기} = \text{수평 감도(s/div)} \times \text{수평 칸수(div)} \quad (1.2a)$$

$$T = 20ms/div \times 8div = 160ms \quad (1.2b)$$

$$f = \frac{1}{T} = \frac{1}{160ms} = 6.25Hz \quad (1.2c)$$

2.2 함수발생기(Function generator)

함수발생기(Function generator)는 넓은 범위의 주파수와 크기를 갖는 정현파, 구형파, 삼각파를 제공하는 전형적인 전압 파형 공급 장비이다. 적절한 다이얼의 위치 조정과 연관된 배율기로 전압 파형의 주파수와 크기 설정이 가능하며, 오실로스코프를 이용하면 보다 정확한 변수 설정이 가능하다.

오실로스코프와 함수발생기는 약간 무리한 조작에도 견디도록 설계되어 있으므로 실험과정에서 학생들의 능력을 마음껏 발휘하기 위해서 다양하게 다이얼을 설정하는 것을 두려워하지 말아야 한다. 여러 명이 함께 실험을 할 때는 모든 학생들이 실험에 참여해야 한다. 오실로스코프와 함수발생기 같은 실험 장비의 사용 방법을 익히는 것은 중요하며, 그렇게 얻어진 기술은 전자관련 공학도와 기술자의 직업에 필수적이다.

2.3 변조(Modulation)

통신에서 변조(modulation)란, 정보를 갖고 있는 아날로그, 디지털 신호를 전송 가능한 형태의 신호로 변환하는 과정을 말한다. 일반적으로, 전송 가능한 신호 형태인 반송파의 진폭, 주파수, 위상 등을 전송 정보에 따라 변화시킴으로써 변조가 이루어진다.

변조는 크게 다음과 같은 필요성으로 수행된다.

① 하드웨어 제한: 무선으로 신호를 송신/수신하기 위해서는 안테나를 필요로 하며, 이 안테나의 길이는 신호 파장 길이에 비례해야 한다. 따라서 긴 파장을 갖는 저주파 정보신호 전송 시, 안테나의 소형화를 위해 정보신호를 고주파 신호로 변조하여

전송하는 과정을 필요로 한다.

② 주파수 할당: 동일한 주파수 대역대를 갖는 다수의 정보신호를 동시에 전송하게 되면 서로 간 간섭으로 작용하여 정상적인 통신이 어렵게 된다. 하지만 각 정보신호를 서로 다른 주파수의 반송파로 변조하여 전송하면 간섭 없이 동시에 통신이 가능하다.

2.3.1 아날로그 변조와 디지털 변조

변조하려는 정보신호가 아날로그 형식인지 디지털 형식인지에 따라 아날로그 변조, 디지털 변조로 구분된다. 즉, 아날로그 변조의 목적은 저주파 아날로그 신호를 전송을 위한 고주파 아날로그 신호로 변환시킴에 있고, 디지털 변조의 목적은 비트 스트림(bit stream)을 고주파 아날로그 신호로 변환시킴에 있다.

변조에 반송파로 사용되는 정현파(sine wave)는 식 (1.3)과 같이 나타낼 수 있다.

$$c(t) = A\cos[2\pi f_c t] \tag{1.3}$$

■ 아날로그 변조

시간 축에서 연속적인 값을 갖는 아날로그 정보신호를 바탕으로 정현파를 변형하는 변조 방법을 말한다. 이때 정현파를 변형하는 방법에 따라 진폭변조, 위상변조, 주파수변조로 나뉜다. 보내려는 정보신호를 $s(t)$라고 했을 때, 각 변조방법은 다음과 같이 설명될 수 있다.

- 진폭변조(AM: Amplitude Modulation)

반송파의 진폭을 정보신호에 따라 변형하여 변조하는 방법을 AM이라 한다. 따라서 변조신호는 식 (1.4)와 같이 표현할 수 있다.

$$x_{AM}(t) = (A + s(t))\cos[2\pi f_c t] \tag{1.4}$$

- 주파수변조(FM: Frequency Modulation)

반송파의 주파수를 정보신호에 따라 변형하여 변조하는 방법을 FM이라 한다. 변조신호는 다음과 같이 표현될 수 있다.

$$x_{FM}(t) = A\cos\left[2\pi f_c t + 2\pi f_\Delta \int_{-\infty}^{t} s(\tau)d\tau\right] \tag{1.5}$$

여기서 f_Δ는 주파수편이라 하며 상수이다.

• 위상변조(PM: Phase Modulation)

반송파의 위상을 정보신호에 따라 변형하여 변조하는 방법을 PM이라 한다. 변조신호는 식 (1.6)과 같이 표현할 수 있다.

$$x_{PM}(t) = A\cos[2\pi f_c t + \phi_\Delta s(t)] \tag{1.6}$$

여기서 ϕ_Δ는 위상편이라 하며 상수이다.

■ 디지털 변조

시간 축에서 불연속적인 값을 갖는 디지털 정보신호를 바탕으로 정현파를 변형하는 변조 방법을 말한다. 디지털 변조의 기본적인 변조 원리는 아날로그 변조와 동일하다. 정현파를 변형하는 방법에 따라 ASK (Amplitude shift keying), PSK (Phase shift keying), FSK (Frequency shift keying)로 나뉜다.

2.4 진폭변조(Amplitude Modulation)

AM은 무선통신에서 가장 오래된 변조방식으로 AM은 중파·단파의 라디오 방송과 텔레비전 영상신호 전송에 주로 사용된다. [그림 1-1]에서 AM에 대해 보여주고 있다. 정보신호 $s(t)$의 진폭변화에 따라 반송파 진폭 $c(t)$에 변화를 주어 그 포락선(envelope) $x_{AM}(t)$이 정보신호의 파형이 되도록 하는 변조 방식이다.

진폭변조를 통해 얻은 변조신호 $x_{AM}(t)$와 정보신호 $s(t)$ 사이 관계를 주파수 축에서 살펴보도록 하자. 시간 축에서의 변조신호 식 (1.4)에 푸리에 변환을 적용하면 변조신호의 주파수 축 표현을 식 (1.7)와 같이 얻을 수 있다. $S(f)$는 정보신호의 푸리에 변환식을 나타낸다. 즉, 변조하게 되면 반송파 주파수 f_c를 중심으로 정보신호의 중심주파수가 옮겨지는 것을 확인할 수 있다.

$$X_{AM}(f) = \frac{A}{2}\delta(f+f_c) + \frac{A}{2}\delta(f-f_c) + \frac{1}{2}S(f+f_c) + \frac{1}{2}S(f-f_c) \tag{1.7}$$

2.4.1 변조도

진폭변조 신호의 변조도는 반송파의 진폭이 정보신호에 의해 변화된 정도를 나타내며, 식 (1.8)과 같이 계산할 수 있다.

$$\begin{aligned} \text{변조도} : m &= \frac{\text{정보신호의 진폭}}{\text{반송파의 진폭}} \\ &= \frac{\max_t s(t)}{A} \end{aligned} \tag{1.8}$$

예를 들어, 반송파가 $c(t) = A\cos 2\pi f_c t$ 이고, 정보신호가 $s(t) = M\cos 2\pi f_c t$ 인 AM 신호의 경우 변조도는 $m = M/A$ 이 된다.

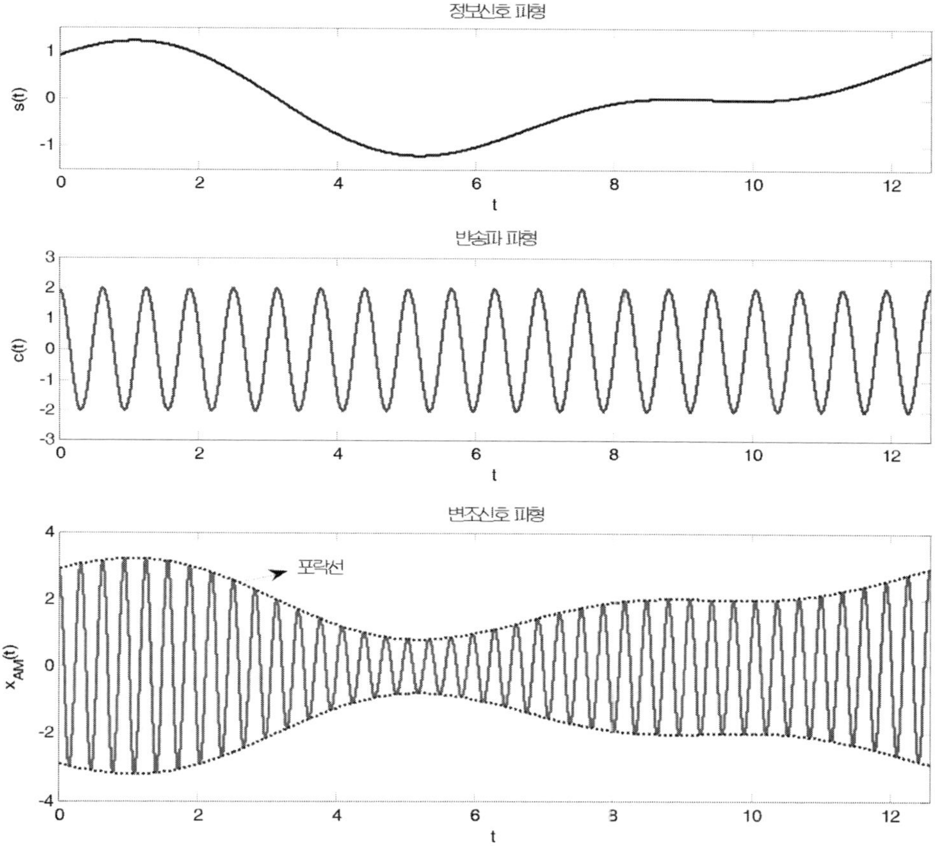

[그림 1-1] 진폭변조

[그림 1-2]에서는 반송파가 $c(t) = 2\cos[2\pi f_c t]$ 이고, 정보신호가 $s(t) = \cos[2\pi f_c t]$ 인 AM 신호를 보여주고 있다.

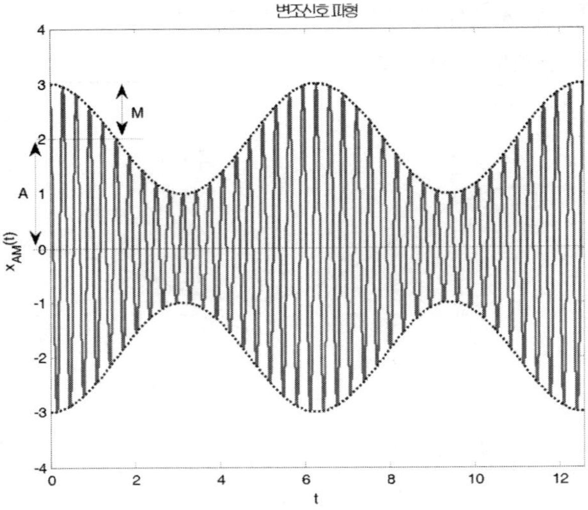

[그림 1-2] 변조도의 계산. $m = M/A$=0.5

일반적으로 변조도는 0에서 1사이의 값을 갖는다. 만약 $m > 1$이면 변조신호의 왜곡이 발생하여 포락선이 정보신호를 온전히 표현하지 못하는 문제가 발생한다. 이와 같이 $m > 1$인 경우를 과변조라고 한다. 예를 들어, 반송파가 $0.5\cos[2\pi f_c t]$이고, 정보신호가 $s(t) = \cos[2\pi f_c t]$인 AM 신호의 경우 변조도는 $m = 2$로 과변조가 되며, 변조신호의 파형은 [그림 1-3]과 같이 표현된다. 그림을 통해 알 수 있는 바와 같이, 과변조의 영향으로 포락선을 통해 기존 정보신호의 파형을 확인할 수 없게 되었다.

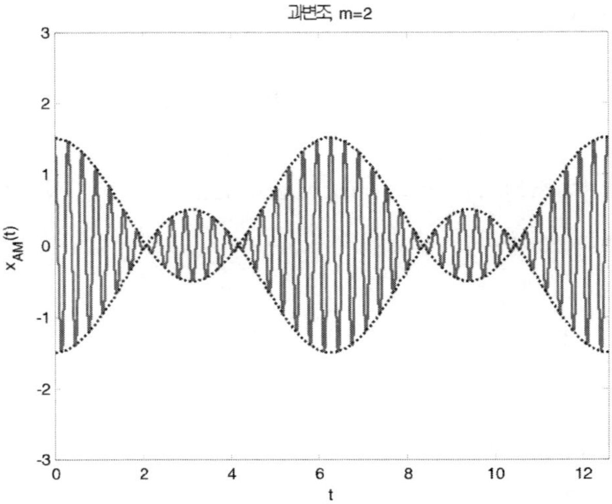

[그림 1-3] 과변조. $m = 2$

2.5 AM 복조(Demodulation)

AM 복조는 변조신호의 포락선으로부터 원래의 정보신호를 복원하는 과정을 말한다. 즉, 포락선 검파기를 통해 AM 신호로부터 정보신호를 얻을 수 있으며 회로는 [그림 1-4]와 같이 구성된다.

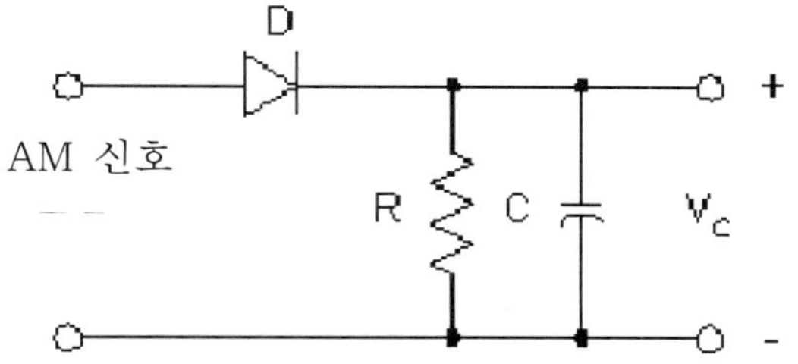

[그림 1-4] AM 다이오드 검파 회로

동작원리는 먼저 AM 신호가 다이오드를 통해 인가되면 신호의 최대 전압이 커패시터 C에 충전되어 커패시터의 단자전압은 그대로 유지가 된다. 신호의 전압이 커패시터 단자전압 이하인 경우에는 다이오드가 차단상태(off)로 되며, 이 상태에서 커패시터의 전하는 저항 R을 거쳐 방전되므로, 단자전압은 시간 t에 따라 Ae^{-t}/RC의 속도로 서서히 떨어진다. 다시 신호 전압이 커패시터의 단자전압보다 커지면 다이오드는 전도상태(on)로 되어 커패시터가 재충전된다. 이러한 과정이 반복되면 출력 전압 파형은 [그림 1-5]와 같이 나타난다.

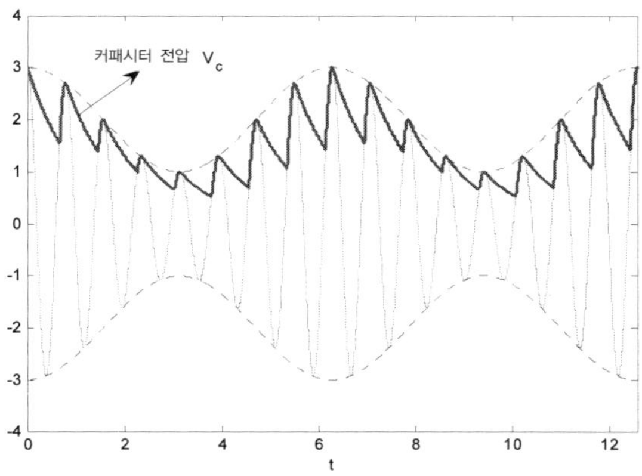

[그림 1-5] 검파회로의 출력 전압 파형

앞서 언급된 바와 같이 검파회로 내에서 다이오드가 차단된 상태일 때, V_c는 시간에 따라 Ae^{-t}/RC의 모양으로 감소한다. 따라서 전압이 감소하는 속도는 RC 값에 의해 결정된다. [그림 1-6]을 통해 알 수 있는 바와 같이, RC 값이 작은 경우 감소 속도가 빨라 입력 변조 신호와 큰 차이가 없어 포락선을 검출하기 어렵게 되고 반대로 RC 값이 큰 경우 감소 속도가 너무 느려 신호의 왜곡을 유발할 수 있다.

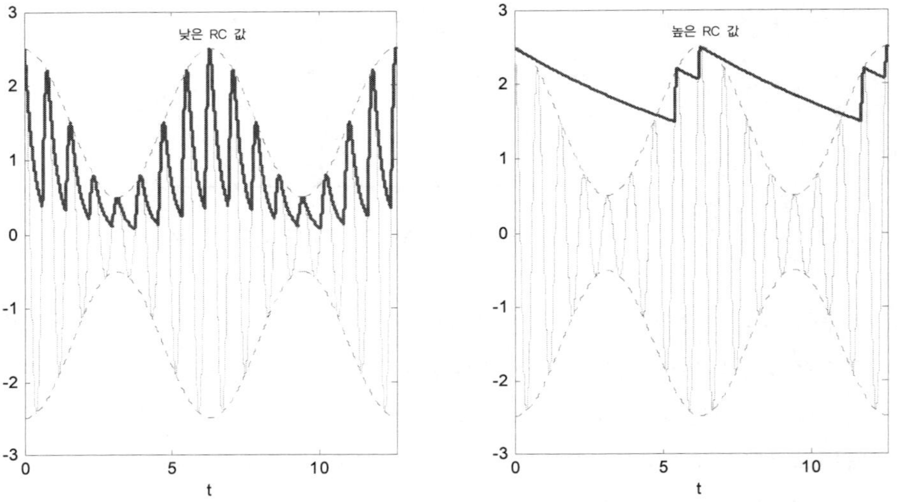

[그림 1-6] RC 값에 따른 포락선 검파기 출력 값

다이오드 AM 검파회로의 각 부분에서 파형을 검출하여 확인하면 [그림 1-7]과 같다.

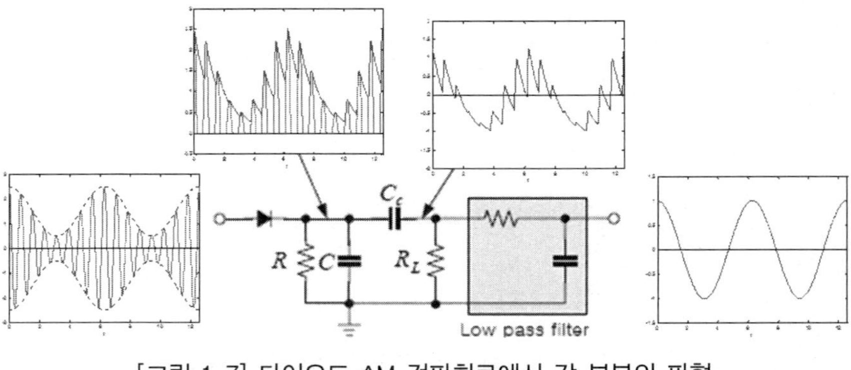

[그림 1-7] 다이오드 AM 검파회로에서 각 부분의 파형

3. 실험 예비 보고

3.1 다음 오실로스코프의 조절단자 또는 부분에 대한 기능과 용도를 간략히 설명하시오.

a. 초점, b. 세기, c. 수직, 수평 위치 조절 단자, d. 수직 감도,
e. 수평 감도, f. 수직 모드 선택, g. AC-GND-DC 스위치,
h. 빔 파인더, i. 교정 스위치, j. 내부 싱크, k. 트리거 부분,
l. 외부 트리거 입력, m. 입력 저항과 입력 커패시턴스, n. 프로브

3.2 실생활에 AM 변조가 사용되는 예를 설명하시오.

3.3 변조 신호의 주파수가 1kHz일 때, AM 신호의 대역폭은 얼마인지 계산하시오.

3.4 변조도가 변화됨에 따라 포락선 검파기의 복조 파형의 무엇이 변화되는지 알아보시오.

4. 실험 기자재 및 부품

4.1 사용기기

- 함수발생기(2대)
- 전원공급기
- 오실로스코프
- 디지털 멀티미터

4.2 사용부품

- 진폭 변조(AM) 및 복조 모듈
  - 저항(5개) : 3.3kΩ(2개), 33kΩ, 100kΩ(2개)
  - 커패시터(7개) : 0.001μF, 0.0022μF, 0.01μF, 0.1μF(2개), 10μF, 22μF
  - 인 덕 터(1개) : 1mH
  - NPN 트랜지스터(1개) : 2N3904
  - 다이오드(1개) : 1N4149

5. 실험 방법 및 순서

5.1 오실로스코프 및 함수발생기 동작

(1) 오실로스코프를 켜고, 화면의 중앙에 선명하고 밝은 수평선이 보이도록 필요한 단자를 조절하시오. 여러 단자들을 조절하여 화면 표시에 미치는 영향을 파악하시오.

(2) 오실로스코프의 한 수직 채널에 함수발생기를 연결하고, 발생기의 출력이 1,000Hz 정현파가 되도록 설정하시오.

(3) 오실로스코프의 수직 감도를 1volt/div로 놓고, 화면에 $4\,V_{p-p}$ 정현파가 되도록 함수발생기의 크기 단자를 조절하시오.

5.2 진폭 변조 및 복조

(1) [그림 1-8]의 AM 변조회로를 가진 AM 모듈에서 발진주파수 fop를 계산하여 실험 결과 보고서 [표 1-1]에 기록한다.

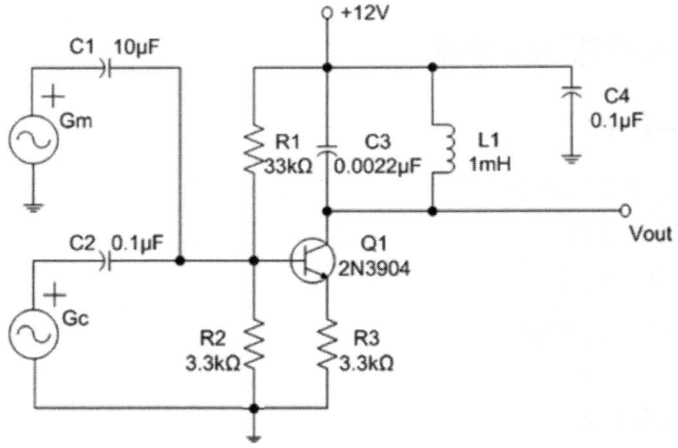

[그림 1-8] AM 변조회로

(2) [그림 1-10] 회로도를 가진 모듈(AM 변조 및 복조 모듈)의 BJ5 단자를 전원공급기 양의 단자에, BJ6 단자를 전원공급기 접지 단자에 각각 연결한 후 12V의 전원을 공급한다.

(3) [그림 1-10]의 모듈에서 스위치 SW1이 개방되어 있는지를 확인한다.

(4) [그림 1-10] 모듈의 BJ1 단자를 함수발생기(G_m) 양의 단자에, BJ2 단자를 함수발생기(G_m)의 접지 단자에, BJ3 단자를 함수발생기(G_c) 양의 단자에, BJ4 단자를 함수발생기(G_c)의 접지 단자에 각각 연결한다.

(5) 고주파 반송파 발진기 G_c를 100kHz, $5\,V_{p-p}$로 맞추고, AM 변조 발생기의 G_m을 1kHz, 0V로 맞춘다.

(6) V_{out}을 오실로스코프로 관찰하면서, V_{out}의 진폭이 최대값이 되도록 G_c를 조정한다.

(7) 오실로스코프를 이용하여 V_{out}의 주기 T를 측정한다. 출력 주파수를 계산하고, [표 1-1]에 기록한다.

(8) G_m의 진폭을 조절하여 $1\,V_{p-p}$가 되도록 한다. 오실로스코프에 출력된 V_{out} 포락선의 변조도를 계산하여 [표 1-1]에 기록한다.

(9) [표 1-1]의 나머지 전압들에 대해 실험과정 (8)을 반복한다.

(10) 변조도가 100%가 되도록 G_m의 V_{p-p}를 조정하고, [표 1-1]에 기록한다.

(11) [그림 1-8] AM 변조회로의 출력이 [그림 1-9] 포락선 검파기 회로의 입력에 연결되도록 [그림 1-10]모듈의 스위치 SW1을 단락(on)한다.

(12) 오실로스코프의 입력 A를 [그림 1-10] 모듈의 TP1에, 입력 B를 TP2에 각각 연결한다. 실험 결과 보고서 2번에 파형을 최대한 정확하게 그리고 전압레벨을 표시한다.

(13) G_m의 V_{p-p}를 범위 내에서 천천히 변화시키면서 오실로스코프 상의 TP1과 TP2의 출력 신호를 관찰한다.

(14) AM 변조회로의 신호가 과변조 되었을 때 출력 신호에 어떤 변화가 발생하는지 확인하고 기록한다.

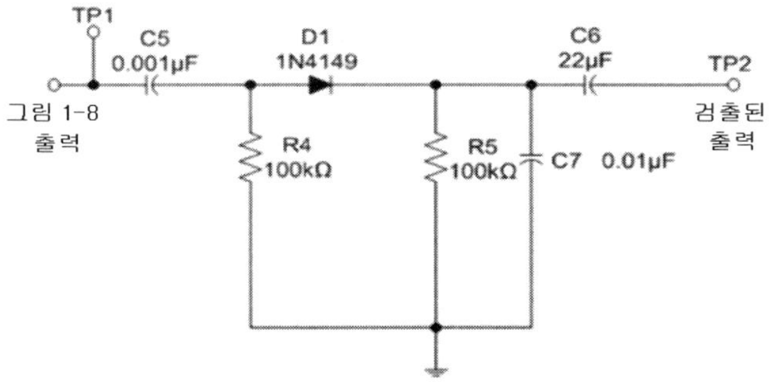

[그림 1-9] 포락선 검파기 회로

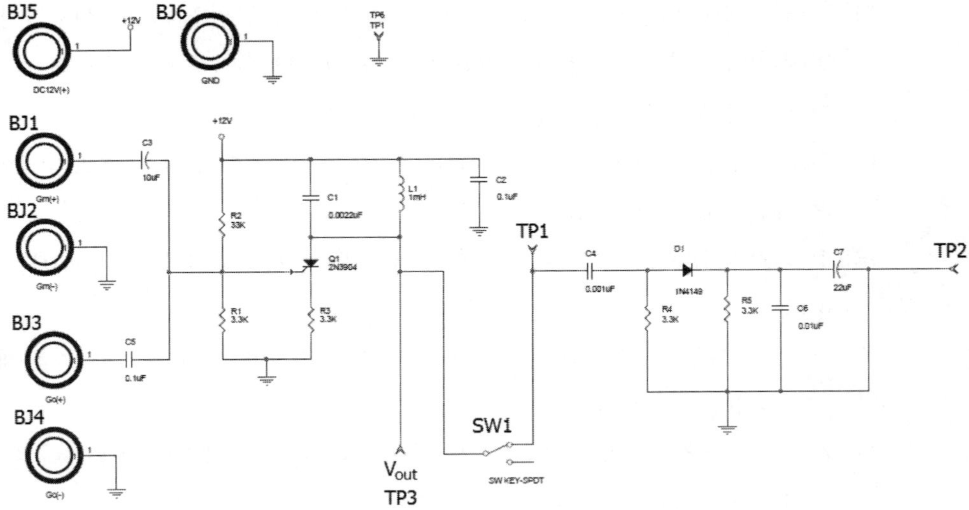

[그림 1-10] AM 변조 및 복조 회로도

6. 주의사항 및 주요 관찰사항

6.1 주의사항

- AM 변조 발생기의 G_m 을 주파수 1kHz, 전압 0V로 정확히 맞추는 것이 불가능하므로 최대한 0V에 가깝게 맞추도록 한다.
- 회로의 구성소자, 부품 및 사용기기에 대한 지식을 정확하게 습득한다.
- 검파 시 다른 외부적인 요인들로 인한 잡음이 있을 수 있음을 인식한다.

6.2 주요 관찰사항

- 포락선 및 AM 변조도에 대해 주의 깊게 관찰한다.
- AM 신호 발생기의 출력을 얼마나 정확히 검파하는지 확인해본다.

실험 결과 보고서

실험제목	실험 1.1. 오실로스코프 및 함수발생기 동작								
학 과		학년		학번		조		성명	

(1) 수평 감도 측정

a.	수식 T = 1/f를 이용하여 1,000Hz 정현파형의 주기를 ms 단위로 자세한 계산과정을 보이면서 계산하시오.	T(계산값)

b.	오실로스코프의 수평 감도를 0.2ms/div로 설정하시오. 순서 a의 결과를 이용하여 1,000Hz 신호의 완전한 한 주기를 적절히 표시할 수평 칸수를 계산하시오.	칸수(계산값)
	오실로스코프를 사용하여 칸수를 측정하고 옆에 기입하시오. 이 결과를 계산한 칸수와 비교하시오.	칸수(측정값)

c.	함수발생기의 조절단자에 손대지 말고, 오실로스코프의 수평 감도를 0.5ms/div로 변경하시오. 순서 a의 결과를 이용하여 1,000Hz 신호의 완전한 한 주기를 표시하기 위해서 필요한 수평 칸수를 계산하시오.	칸수(계산값)
	오실로스코프를 사용하여 칸수를 측정하고 옆에 기입하시오. 이 결과를 계산한 칸수와 비교하시오.	칸수(측정값)

d.	함수발생기의 조절단자에 손대지 말고, 오실로스코프의 수평 감도를 1ms/div로 변경하시오. 순서 a의 결과를 이용하여 1,000Hz 신호의 완전한 한 주기를 표시하기 위해서 필요한 수평 칸수를 계산하시오.	칸수(계산값)
	오실로스코프를 사용하여 칸수를 측정하고 옆에 기입하시오. 이 결과를 계산한 칸수와 비교하시오.	칸수(측정값)

e.	수평 감도를 0.2ms/div, 0.5ms/div, 1ms/div로 변경했을 때, 정현파 모양에 어떠한 영향을 미치는가?
	각각 수평 감도에 대해서 화면에 나타난 신호의 주파수가 변했는가? 선택한 수평 감도가 함수발생기의 출력 신호에 미치는 영향을 고려한 결과로부터 어떤 결론을 이끌어낼 수 있는가?

f.	오실로스코프 화면에 어떤 정현파가 주어질 때, 그 주파수를 결정하는 순서를 복습하고, 계산 순서 단계를 설명하시오.

(2) 수직 감도 측정

a.	함수발생기의 조절단자에 손대지 말고, 오실로스코프의 수평 감도를 0.2ms/div, 수직 감도는 1volt/div로 설정하시오. 이 감도에서 피크-피크 사이의 수직 칸수를 먼저 계산한 후, 수직 감도를 곱하여 화면에 나타난 정현파의 V_{p-p}를 계산하시오.	V_{p-p}(계산값)

b.	오실로스코프의 수직 감도를 0.5volt/div로 변경하고, a를 반복하시오.	V_{p-p}(계산값)

c.	수직 감도를 1volt/div에서 0.5volt/div로 변경할 때, 정현파의 모양에 어떠한 영향을 미치는가?
	각각 수직 감도에 대해서 정현파 신호의 피크-피크 전압이 변했는가? 수직 감도의 변화가 함수발생기의 출력 신호에 미치는 영향을 고려한 결과로부터 어떤 결론을 이끌어낼 수 있는가?
	오실로스코프나 멀티미터와 같은 부가적인 계기의 도움 없이 함수발생기의 피크 또는 피크-피크 출력 전압을 설정할 수 있는지 설명하시오.

(3) 오실로스코프 및 함수발생기 동작

<table>
<tr><td rowspan="7">a.</td><td rowspan="4">오실로스코프에 2,000Hz, 4Vp−p 정현파 신호가 선명하게 표시되도록 모든 필요한 조절을 수행하시오. 화면 중앙 수평선이 0V가 되도록 하고, 선택한 감도를 기록하시오.</td><td>수직 감도</td></tr>
<tr><td></td></tr>
<tr><td>수평 감도</td></tr>
<tr><td></td></tr>
<tr><td colspan="2">수평과 수직 눈금의 칸수를 주의 깊게 살피면서 파형을 그리시오. 위에 적힌 감도를 사용하여 수직과 수평 눈금의 값들을 파형에 추가로 기록하시오.</td></tr>
<tr><td rowspan="2">완전한 한 주기의 수평 눈금 칸수를 이용하여 화면상 파형의 주기를 계산하시오.</td><td>T(계산값)</td></tr>
<tr><td></td></tr>
</table>

<table>
<tr><td rowspan="6">b.</td><td rowspan="6">오실로스코프에 200Hz, $0.4\,V_{p-p}$ 정현파 신호에 대해서 순서 a를 반복하시오.</td><td>수직 감도</td></tr>
<tr><td></td></tr>
<tr><td>수평 감도</td></tr>
<tr><td></td></tr>
<tr><td>T(계산값)</td></tr>
<tr><td></td></tr>
</table>

<table>
<tr><td rowspan="6">c.</td><td rowspan="6">오실로스코프에 100kHz, $4\,V_{p-p}$ 구형파 신호에 대해서 순서 a를 반복하시오.</td><td>수직 감도</td></tr>
<tr><td></td></tr>
<tr><td>수평 감도</td></tr>
<tr><td></td></tr>
<tr><td>T(계산값)</td></tr>
<tr><td></td></tr>
</table>

실험 결과 보고서

실험제목	실험 1.2. 진폭 변조(AM) 및 복조							
학 과		학년		학번		조		성명	

(1) AM 변조회로의 발진주파수 f_{op} 및 출력 주파수 f_{out}를 계산하고 V_{out}의 변조도와 변조도가 100%일 때의 진폭 V_{p-p}를 기록하시오.

[표 1-1]

f_{op}		f_{out}	

진폭(V_{pp})	변조도(%)
1	
2	
3	
4	
5	
	100

(2) 실험과정 5.2(12)의 결과를 그리시오.

(a) TP1

(b) TP2

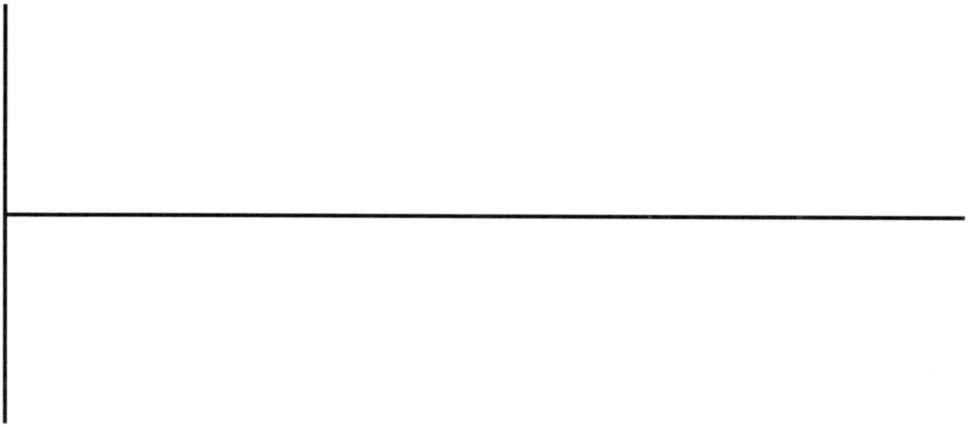

(3) 과변조 현상을 설명하시오.

(4) 이번 실험을 통해 무엇을 알 수 있는지 자세히 기술하시오.

실험 2 AM 송신기

1. 실험 목적

본 실험을 통해

- 단일 IC와 몇 개의 소자를 이용하여 어떻게 반송파를 발생시키는지 확인하고, 반송파가 어떻게 저주파 신호에 의해 진폭 변조되는지 알아본다.
- 변조되는 신호의 진폭과 주파수에 변화를 주면 어떤 변화가 나타나는지 확인한다.

2. 기초이론

2.1 AM 방송(AM broadcasting)

AM 방송은 진폭변조 방송이라고도 하며 반송파의 진폭을 음성신호로 변조시켜 방송하는 것을 말한다. 장파·중파·단파 라디오 방송이 이 방식에 의해 이루어지며 AM 송신기를 사용하여 원하는 주파수 대역의 신호를 증폭하여 송신한다. 530~1,600kHz 중심주파수를 갖는 반송파를 사용하고 한 채널당 10kbps의 대역폭을 할당하여 방송한다.

사람이 들을 수 있는 소리의 주파수는 16~20kHz 정도로 상당히 낮은 주파수 대역에 속한다. 신호의 무선 전송 및 수신을 위한 안테나의 길이가 전송신호 파장 길이의 1/4이상 되어야 함을 고려할 때, 변조를 하지 않는다면 최소 4km이상의 길이를 안테나를 사용해야 함을 의미한다. 따라서 변조를 통해 정보신호를 상대적으로 높은 주파수 대역(530~1,600kHz) 신호로 바꾸어 전송하고 수신단에서는 지난 실험에서 살펴보았던 검파기를 통해 포락선 정보를 추출하여 원래 음성 신호를 복원하게 된다.

2.1.1 AM 방송의 종류

1장 식 (1.7)에서 살펴볼 수 있었던 것처럼 AM 신호는 주파수 측에서 f_c를 중심으로 주변 주파수에 전송정보가 실리게 된다. [그림 2-1]에서 보여주는 것과 같이, 반송파 주파수 f_c를 중심으로 상측파대(USB: upper side band)와 하측파대(LSB: lower sideband)로 구분 짓고 이 둘을 통틀어 양측파대(DSB: double side band)라고 부른다.

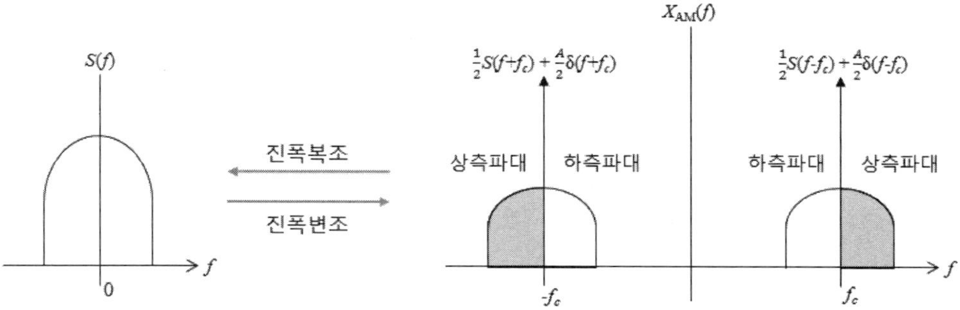

[그림 2-1] AM 신호의 주파수 특성

양측파대를 모두 전송하는 것을 양측파대 통신이라고 한다. 변조 신호의 주파수 특성은 f_c를 중심으로 대칭이기 때문에 한쪽 파대만 송신하더라도 라디오에서 이를 수신하여 복원하는데 문제가 없다 (AM 라디오 검파회로에서 검파용 다이오드 방향에 따라 양측파대 중 한쪽 특파대만 사용).

반송파가 $c(t)=A\cos[2\pi f_c t]$ 이고 정보신호가 $s(t)=mA\cos[2\pi f_s t]$ 인 AM 신호를 가정해 보자. 이때 식 (2.1)에서 AM 신호는 반송파, 상측파대, 하측파대 성분으로 다음과 같이 나눠 표현할 수 있다.

$$\begin{aligned} x_{AM}(t) &= A(1+m\cos[2\pi f_s t])\cos[2\pi f_c t] \\ &= A\left(\cos[2\pi f_c t]+\frac{m}{2}\cos[2\pi(f_c+f_s)t]+\frac{m}{2}\cos[2\pi(f_c-f_s)t]\right) \end{aligned} \tag{2.1}$$

식 (2.1)에서 AM 변조신호는 세 코사인 성분들의 합으로 이루어지는데 첫 번째가 반송파 성분, 두 번째가 상측파대, 세 번째가 하측파대 성분에 해당한다. 식 (2.1)을 바탕으로 변조신호의 전력 P_x은 반송파 전력 P_c, 상측파대 전력 P_u, 하측파대 전력 P_l의 합으로 식 (2.2)와 같이 쓸 수 있다.

$$
\begin{aligned}
P_x &= \frac{1}{T_x}\int_0^{T_x} x_{AM}^2(t)dt \\
&= A^2\int_0^{1/f_c}\cos^2[2\pi f_c t]dt + \frac{A^2m^2}{4}\int_0^{1/(f_c+f_s)}\cos^2[2\pi(f_c+f_s)t]dt \\
&\quad + \frac{A^2m^2}{4}\int_0^{1/(f_c-f_s)}\cos^2[2\pi(f_c-f_s)t]dt \\
&= \frac{A^2}{2} + \frac{m^2A^2}{8} + \frac{m^2A^2}{8} \\
&= P_c + P_u + P_l
\end{aligned}
\tag{2.2}
$$

식 (2.2)는 다시 식 (2.3)과 같이 정리될 수 있다.

$$
P_x = P_c\left(1 + \frac{m^2}{2}\right) \tag{2.3}
$$

위 식을 통해 변조도 m이 증가할수록 전송정보를 포함하고 있는 측파대 전력이 증가함을 알 수 있다. 예를 들어 $m=0$이 되면 변조신호에 반송파만 남게 되어 변조를 통해 아무런 정보를 보낼 수 없는 상황이 된다. 따라서 m이 클수록 정보에 많은 전력을 할당하여 효율적인 정보전송이 가능해 진다. 하지만 과변조로 인한 정보신호의 왜곡을 방지하기 위해 $m \leq 1$을 만족해야하기 때문에 정보표현에 할당할 수 있는 최대전력은 반송파전력의 절반에 불과하다. 이는 즉, AM신호의 상당수 전력이 전송정보와는 관계없는 반송파 구성에 할당되어, 전력 효율이 좋지 않음을 알 수 있다.

2.1.2 중파 방송

중파 방송은 최초의 라디오 방송 형태로서 AM 변조 방식을 위해 MF(medium frequency)대인 526.5kHz~1,606.5kHz의 주파수대를 이용하여, 9kHz의 주파수 간격으로 총 120개 채널을 방송국별로 허가받아 사용하고 있다. 송신출력 규모는 1kW에서 1,500kW까지 다양하며, 제1라디오 방송은 국가 기간방송으로서 1일 24시간 방송하고 있다.

또한, 남산, 괘방, 견월악 송신소에서 2R FM을 개국하여 수도권과 강릉지역, 제주지역 청취자를 대상으로 중파 방송을 송신하고 있으며, 기존에 제2라디오 방송을 송신하던 개봉송신소와 양양송신소에서는 장애인을 위한 사랑의 소리방송을 실시하여 수도권과 강릉지역 청취자를 대상으로 제3라디오 방송을 송신하고 있다.

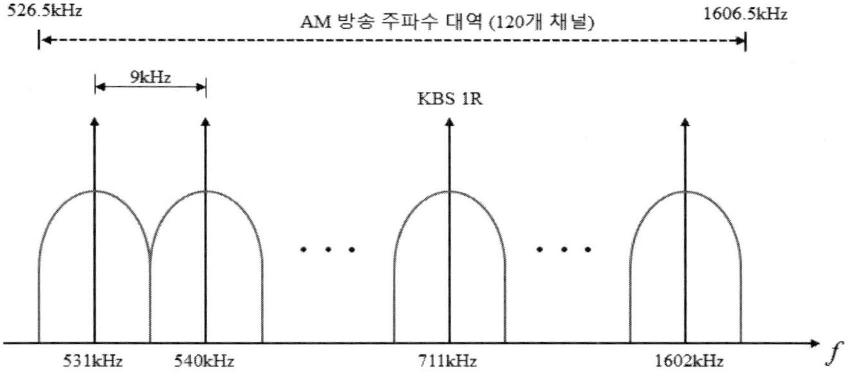

[그림 2-2] 우리나라 표준 AM 방송 대역

주파수 대역 : MF(Middle-Frequency)대 526.5kHz~1,606.5kHz
- 제1라디오 : 기간방송
- 제2라디오 : 교양·오락 방송 (보다 질 좋은 서비스를 위해 FM 방송으로의 이전을 시행중)
- 제3라디오 : 사랑의 소리 방송(장애인을 위한 방송)
- 사회교육방송 : 국외 동포를 위한 방송

2.1.3 단파 방송

단파 방송은 3.8MHz~26.1MHz의 주파수 대역 내에서 할당된 주파수를 이용하여 해외 전 지역으로 송신하는 방송으로 총 617개의 채널을 사용할 수 있다. 단파방송은 원거리로 송신하는 관계로 이반 국내 청취자를 위한 송신 장비보다 훨씬 높은 출력(100kW 이상)으로 송신하며, 단파 전파의 특성상 전파 장애가 발생되기 때문에 계절별, 시간별로 주파수를 다른 국제방송사와 협의하여 수시로 변경 운용 중에 있다. 단파 방송 송신 시설 운용과 아울러 아날로그 단파의 대안으로 자리 잡을 것으로 보이는 DRM(digital radio mondiale)이나 위성을 이용하는 월드 스페이스 같은 새로운 송신 기술도 연구 중에 있다.

2.2 AM 송신기(AM transmitter)

AM 변조 방식으로 크게 진공관식과 반도체식이 있다.

2.2.1 NEC 송신기

진공관식 AM 송신기중 하나로써, 수정발진기를 사용하여 837kHz의 반송파를 만들어낸다. 이렇게 최초 생성된 반송파는 여진기(exciter)에서 충분히 증폭된 후 피변조고나 입력 단에 공급된다. 동시에 음성 신호는 드라이버 증폭기에서 선형 증폭되어 변조관에 공급된다. 피변조관의 반송파 전압은 변조관의 증폭된 음성 신호의 전압과 합쳐지게 되어 피변조관 출력은 음성신호에 따라 변화된 전류가 흐르게 되는데 이러한 방식을 플레이트 변조 방식이라 하며 진공관식의 가장 대표적인 방법이다.

앞서 설명한 변조관은 push-pull 회로를 사용하여 효율도 높이고 왜곡률(distortion factor)도 개선시킬 수 있다.

2.2.2 NAUTEL 송신기

반도체의 발달로 대출력용 송신기에도 반도체를 사용하게 되었다. 반도체를 선형 증폭기로 사용하면 효율이 떨어져 많은 열이 발생하므로 주로 스위치 방식을 사용하여 효율을 높인다.

따라서 NAUTEL 송신기도 변조 효율을 높이기 위한 방법으로 음성신호를 직접 증폭하지 않고 부반송파(80kHz)를 사용하여 펄스폭을 변조하고, 이 신호를 스위칭하는 방식으로 효율을 높인다.

3. 실험 예비 보고

3.1 AM 송신기 블록선도를 그리고 각단의 기능을 간단히 설명하시오.

3.2 AM 송신의 장 · 단점을 알아보시오.

4. 실험기자재 및 부품

4.1 사용기기

- 함수발생기
- 전원공급기
- 오실로스코프
- 주파수 카운터
- 디지털 멀티미터

4.2 사용부품

- 진폭 변조(AM) 송신기 모듈
  - 저항(9개) : 150Ω, 4.7kΩ(2개), 10kΩ(3개), 47kΩ, 68kΩ, 100kΩ
  - 가변저항(1개) : 100kΩ
  - 커패시터(7개) : 0.001μF(2개), 0.0015μF, 0.1μF, 1μF, 10μF, 22μF
  - 인덕터(1개) : 2mH
  - IC : XR2206

    * XR2206: 정현파, 구형파, 램프파, 삼각파, 펄스파 등 다양한 파형을 발생시킬 수 있는 반송파 발진용 집적 회로
  - NPN 트랜지스터(1개) : 2N3904

5. 실험방법 및 순서

5.1 [그림 2-6] AM 송신기 모듈 회로도에서 [그림 2-4]의 반송파 발진회로 모듈에 BJ5 단자를 전원공급기 양의 단자에, BJ6 단자를 전원공급기 접지 단자에 각각 연결한 후 12V의 전원을 공급한다.

5.2 [그림 2-6]의 모듈에서 **스위치 SW1이 개방**되어 있는지를 확인한다.

5.3 오실로스코프 출력 V_{out1}(핀 2, [그림 2-6]의 TP1)을 관찰하여 파형을 정확하게 그린다.

5.4 주파수 카운터로 출력 주파수를 측정하여 실험 결과 보고서 [표 2-1]에 기록한다.

5.5 [그림 2-6]의 모듈에서 [그림 2-5]의 회로도를 확인한다. [그림 2-5]의 회로에서 Q_1은 고주파 증폭회로, Q_2는 변조회로를 나타낸다. 고주파 증폭회로를 XR2206 반송파 발진기의 2번 핀에 연결되도록 [그림 2-6]의 **스위치 SW1을 단락(on)**한다.

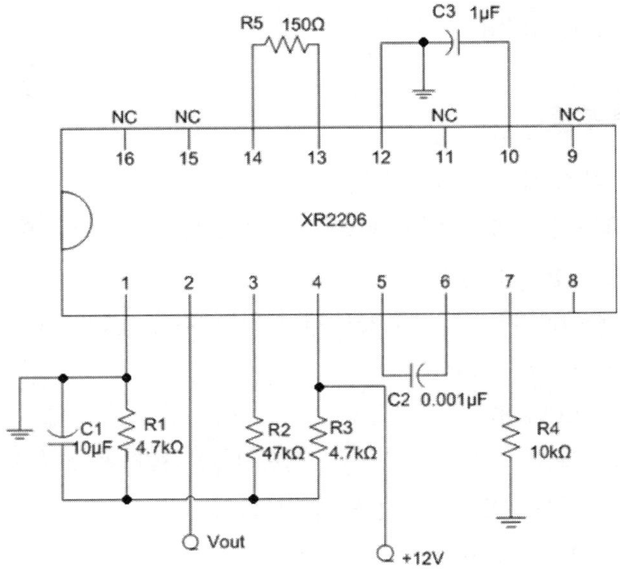

[그림 2-4] 반송파 발진회로

5.6 [그림 2-6] 모듈의 BJ1 단자를 함수발생기 양의 단자에, BJ2 단자를 함수발생기의 접지 단자에 각각 연결한 후 오디오 발진기를 $8V_{p-p}$, 200Hz로 맞춘다. 가변저항 P_1을 중간범위로 조절한다.

5.7 오실로스코프로 AM 출력 신호를 관찰하고 변조율을 계산하여 실험 결과 보고서 [표 2-1]에 기록한다.

5.8 가변저항 P_1은 변조도를 조절한다. AM 출력 파형을 관찰하면서 천천히 P_1을 변화시킨다. 이 회로 상에서 변조도의 최대치와 최소치를 구하여 실험 결과 보고서 [표 2-1]에 기록한다.

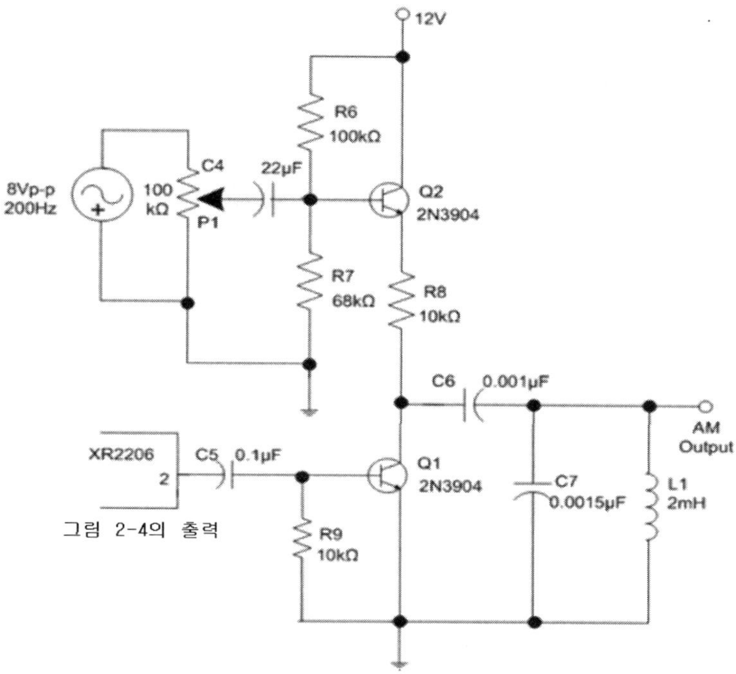

[그림 2-5] 고주파 증폭회로

6. 주의사항 및 주요 관찰사항

6.1 주의사항

- 모듈에서 연결 부분과 점프 부분의 연결이 잘 되어 있는지 명확히 한다.
- 주파수 카운터가 없다면 오실로스코프로 주기 T를 측정하여 주파수를 계산한다.
- 전원 제거 회로를 해체하지 않도록 한다.

6.2 주요 관찰사항

- 반송파의 진폭이 어떻게 변조가 되는지 정확히 확인한다.
- 신호의 진폭과 주파수에 변화를 주었을 때 변조된 신호에 어떤 변화가 일어나는지 정확히 파악한다.

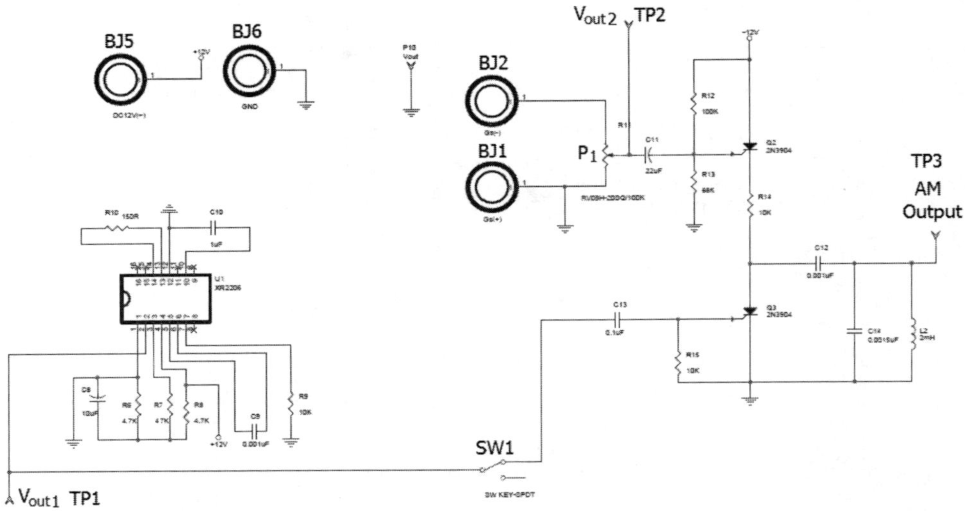

[그림 2-6] AM 송신기 모듈 회로도

실험 결과 보고서

실험제목	실험 2. AM 송신기								
학 과		학년		학번		조		성명	

(1) 실험과정 5.3의 출력 파형을 그리시오.

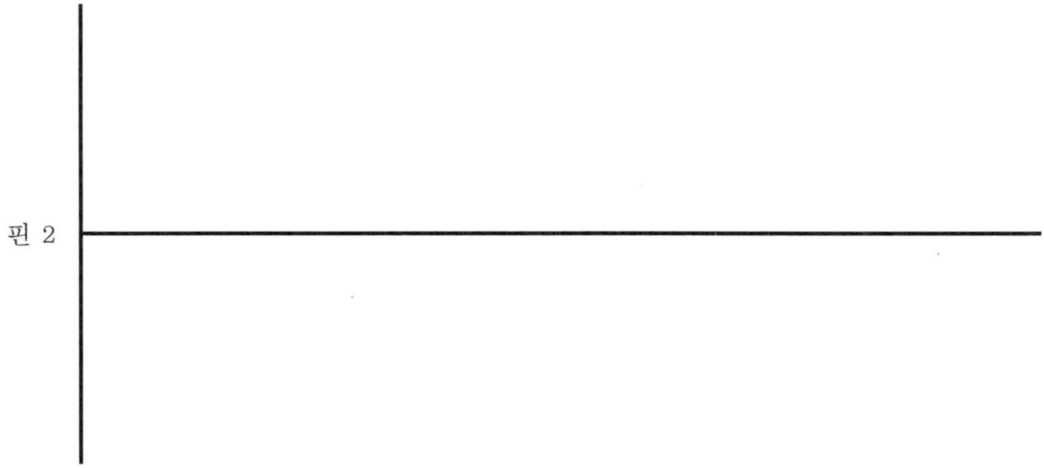

(2) 실험과정 5.4, 5.7 및 5.8의 결과를 [표 2-1]에 기록하시오.

[표 2-1]

실험과정	측정값	결과
5.4	f_{out}	
5.7	$\%m$	
5.8	$\%m(\min)$	
	$\%m(\max)$	

(3) 변조도의 변화에 따른 송신기의 출력 변화를 설명하시오.

(4) 이번 실험을 통해 무엇을 알 수 있는지 자세히 기술하시오.

실험 3 평형 변조기

1. 실험 목적

본 실험을 통해

- 한 개의 IC와 몇 개의 소자를 이용하여 어떻게 평형 변조기를 구성하는지 확인한다.
- 변조기의 균형을 정확하게 맞추는 방법과 정확하게 균형이 잡힌 변조기가 반송파 신호를 최대한 억제하는 것을 확인한다.

2. 기초이론

2.1 평형 변조기(balanced modulator)

평형 변조는 출력 측에서 반송파 주파수를 포함하지 않는 2개의 측파대 성분만을 얻어내는 변조법으로써, 반송파 억압 변조라고도 불린다. 해당 변조 방법은 기존 AM에서 전송전력 대부분을 차지했던 반송파 성분을 제거하기 때문에 전력 효율을 높일 수 있다. 이는 컬러 TV에서 I 및 Q의 각 신호를 부반송파에 싣는 경우 등에 사용된다.

이론적으로 AM 신호에서 반송파와 여분의 측파대를 필터로 제거하면 단측파대를 얻을 수 있지만, 실제로 반송파와 측파대는 주파수가 매우 근접해 있으며 또한 반송파의 진폭이 상당히 크기 때문에 필터로 반송파 주파수 성분을 완벽히 제거하는 것은 불가능하다. 따라서 단측파대만 존재하는 변조 신호를 만들 때, 변조 과정에서 출력 쪽에 반송파 성분이 나타나지 않도록 하는 방식이 사용되고 있으며 이를 위한 것이 평형 변조기이다.

[그림 3-1]은 간단한 평형 변조기 회로를 보여주고 있다. 먼저 변조파를 입력하지 않은 경우를 고려하면 V_c가 '+'인 반주기 동안 D1 및 D2가 on 상태가 되어 출력 변압

기 T2에 반송파 전류가 흐르게 된다. 그러나 이때 D1을 거쳐 T2로 흐르는 전류와 D2를 거쳐 T2로 흐르는 전류가 서로 반대 방향이기 때문에 T2의 2차 코일에서 아무런 출력이 나타나지 않는다. 이와 같이 출력 변압기 T2에서 전류가 서로 반대 방향으로 흘러 평형을 이루므로 해당 회로를 평형회로라고 부른다. 반면, V_c가 '−'인 반주기 동안에는 D1 및 D2가 off 상태이므로 출력은 나타나지 않는다. 이 상태에서 변조파를 입력하면 D1 및 D2의 on/off 상태는 반송파의 극성에 따라 결정되며 결국 T2의 2차 코일에 반송파가 제거된 AM파가 나타나게 된다.

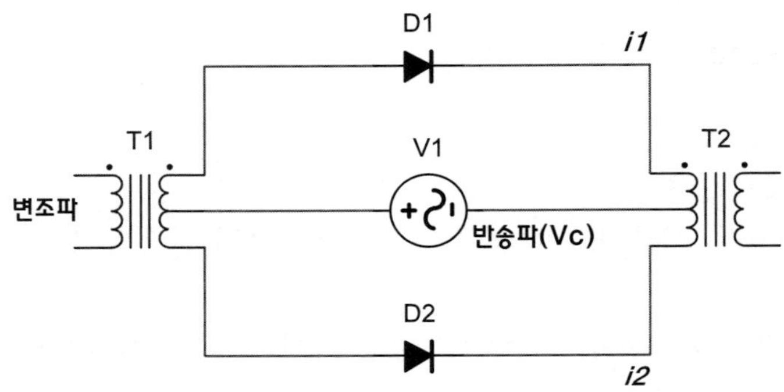

[그림 3-1] 평형 변조기

[그림 3-2]는 평형 변조기의 블록선도를 보여주고 있다. 전송하려는 정보신호를 $s(t)$라고 가정할 때, 그림을 통해 볼 수 있는 것과 같이 동일한 두 개의 AM 변조기에 정보신호의 부호를 서로 다르게 하여 입력으로 넣는다. 서로 다른 부호를 갖는 입력신호를 받은 두 변조기에서 각각 변조가 이루어진 후 그 차를 구하게 되면 반송파 주파수 성분이 서로 상쇄되어 제거되는 효과를 볼 수 있다.

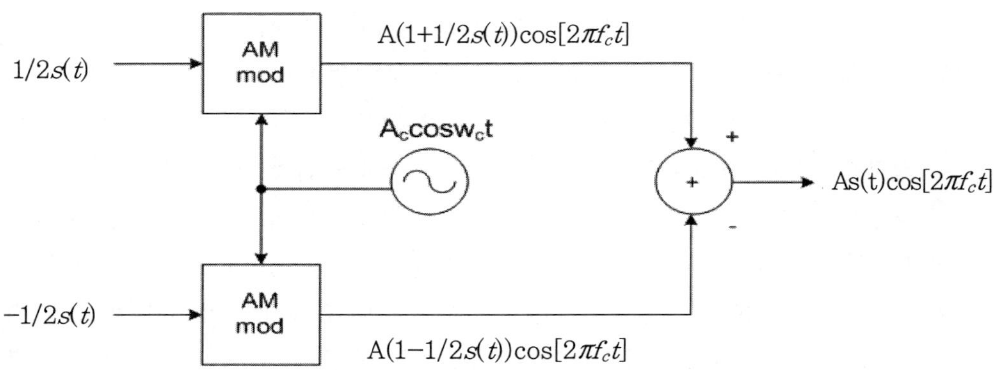

[그림 3-2] 평형 변조기 블록선도

[그림 3-3]은 평형 변조를 위한 차동 증폭기 회로를 나타낸 것이다.

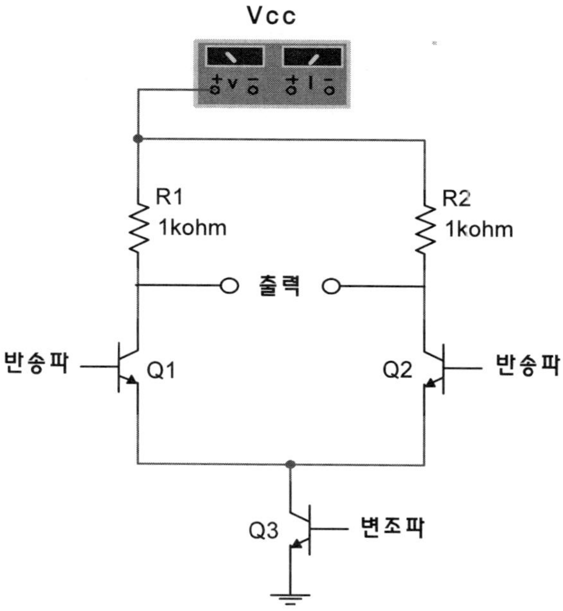

[그림 3-3] 차동 증폭기 회로

회로에서 Q3은 Q1과 Q2에 대한 전류원에 해당되고, 반송파를 Q1과 Q2의 베이스에 입력하면 Q1과 Q2의 컬렉터에 흐르는 전류가 같게 되어 출력에 전압차가 나타나지 않는다. 이것은 차동 증폭기의 동상모드 제거를 의미하며 반송파를 제거시킨다. 변조파가 Q3의 베이스에 가해지면, 변조파와 반송파가 컬렉터에서 믹싱되어 반송파가 제거된 측대파만이 출력된다.

2.2 DSB 및 SSB 전송방식

2.2.1 DSB(double side band) 전송방식

이전 실험에서 살펴보았던 것과 같이, 일반적인 AM 신호는 반송파 주파수 f_c를 중심으로 상측파대, 하측파대로 구분되었으며 이 둘은 서로 대칭인 특성이 있다. 이와 같이 상측파대와 하측파대를 모두 포함하는 변조 방식을 DSB AM라 하며, 앞 절에서 살펴본 평형변조기를 이용하여 변조도를 높이고 반송파의 전력을 억제하여 전력효율을 증가시킨 변조 방법을 DSB-SC(double side band-suppressed carrier)라고 한다.

2.2.2 SSB(single side band) 전송방식

AM 신호의 상측파대와 하측파대는 주파수 f_c를 중심으로 대칭으로, 둘 다 동일한 정보를 담고 있어 둘 중 하나만 알고 있어도 정보신호의 복원이 가능하다. SSB 전송방식은 DSB 신호의 상측 혹은 하측의 한쪽 측파대만 사용하는 전송방식이다. 한쪽 측파대만 사용하므로 DSB 전송방식보다 전력효율이 좋아질 뿐 아니라 전송로의 주파수 대역폭을 효과적으로 사용할 수 있다는 장점이 있다.

반송파가 $c(t)=\cos 2\pi f_c t$ 이고, 정보신호가 $s(t)=2\cos 2\pi f_s t$ 인 상황을 가정해보자. DSB-SC 신호는 식 (3.1)과 같이 풀어쓸 수 있다.

$$\begin{aligned} x_{DSB-SC} &= s(t)\cos[2\pi f_c t] \\ &= 2\cos[2\pi f_s t]\cos[2\pi f_c t] \\ &= \cos[2\pi(f_c+f_s)t]+\cos[2\pi(f_c-f_s)t] \end{aligned} \tag{3-1}$$

따라서 주파수 f_c+f_s 의 상측파대 성분과 주파수 f_c-f_s 의 하측파대 성분의 합으로 이루어진 DSB-SC 신호에 BPF(band pass filter)를 사용하여 한 측파대를 선택하면 SSB생성이 가능하다. 하지만 이 역시 반송파 전력 억제의 경우와 같은 이유로 예리한 특성을 갖는 BPF 설계가 어려워 DSB-SC 신호에 BPF를 적용한 완벽한 SSB 생성은 현실적으로 불가능하다.

SSB 신호를 만드는 보다 현실적인 방법은 수학적으로 같은 결과가 나오게 만드는 위상 천이(phase shift) 방법을 사용하는 것이다. [그림 3-4]는 위상 천이기를 활용하여 SSB 신호를 만드는 블록선도를 보여주고 있다.

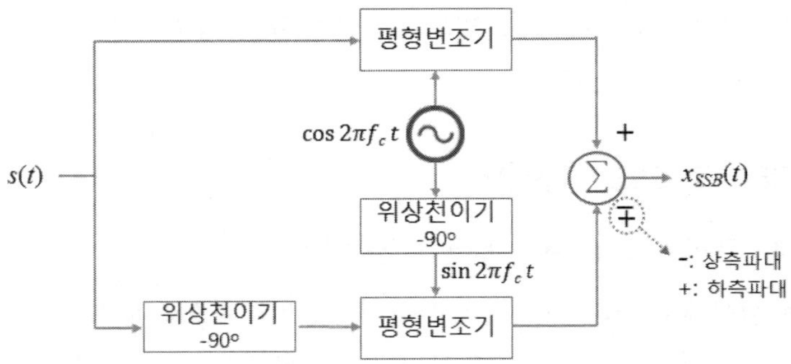

[그림 3-4] SSB 변조

위상 천이기는 입력 신호의 위상을 90도 회전시키는 역할을 수행한다. 예를 들어 위상 천이기 입력 값으로 $\cos\theta$가 들어가면 출력 값으로 $\sin\theta$가 나오게 된다. 따라서 [그림 3-4]에서 하단의 평형 변조기와 같이 정보신호와 반송파가 모두 90도씩 위상이 회전되어 입력되게 되면, 상단의 평형변조기의 출력 값 $x_{DBSB-SC}(t)$과 비교했을 때 상측파대 성분의 부호만 바뀐 출력 값을 얻게 된다. 최종적으로 양측 평형변조기의 출력 값들을 서로 더하면 상측파대 성분이 서로 상쇄되어 BPF의 사용 없이도 SSB 신호를 구성할 수 있게 된다.

[그림 3-5]는 사인파 형태의 정보신호를 AM, DSB-SC 및 SSB 방법으로 변조한 파형을 보여주고 있다.

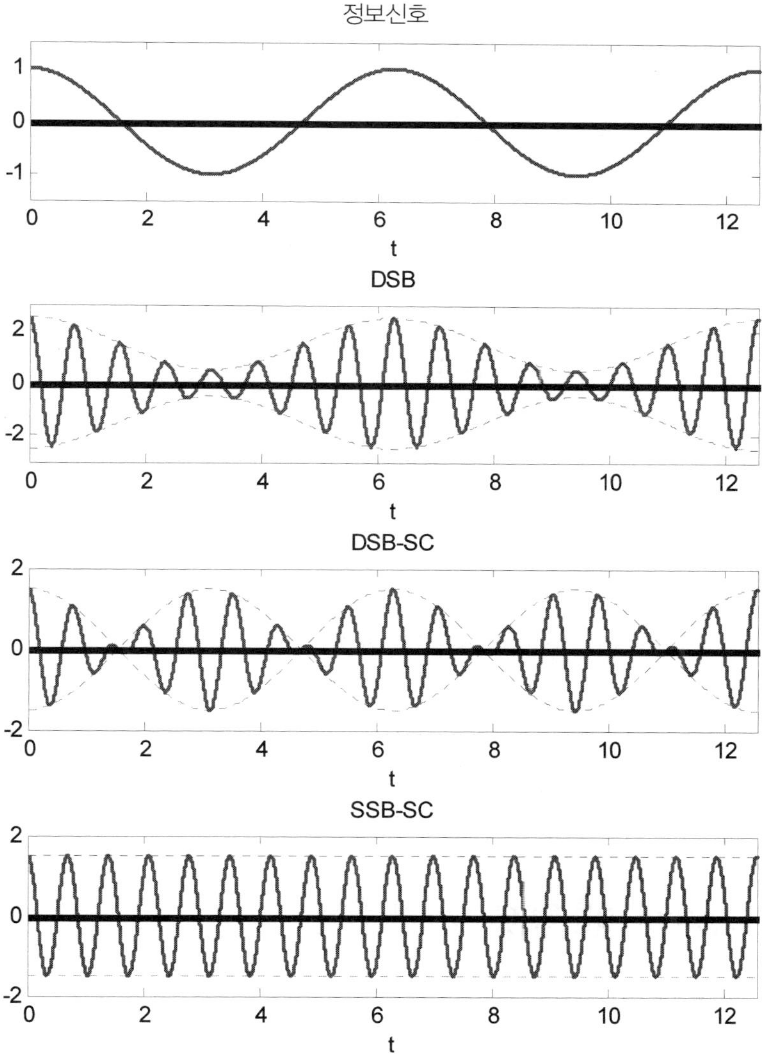

[그림 3-5] DSB, DSB-SC, SSB-SC 신호의 파형

2.3 SSB 전송의 이점

- 신호의 점유 주파수 폭이 DSB 전송의 절반이 되므로 효율적인 주파수 활용이 가능해지고 통신에 혼선이 줄어든다.
- 반송파 및 한쪽 측파대를 보내지 않으므로 증폭기 등의 소요전력이 감소한다.
- 신호의 주파수 대역폭이 좁으므로 신호대 잡음비(SNR)가 향상되어 수신감도가 개선된다.

2.4 관련수식 정리

- 반송파 억압치 : $A_{dB} = 20\log\frac{V_{(peak,sideband)}}{V_{(carrier)}}$
- 반송파 전력 : $P_c = \left(\frac{I_{cm}}{\sqrt{2}}\right)^2 = \frac{I_{cm}^2}{2}R$
- 상측파 전력 : $P_v = \left(\frac{m}{2\sqrt{2}}I_{cm}\right)^2 R = \frac{m^2}{8}I_{cm}^2 R = \frac{m^2}{4}P_c$
- 하측파 전력 : $P_L = \left(\frac{m}{2\sqrt{2}}I_{cm}\right)^2 R = \frac{m^2}{8}I_{cm}^2 R = \frac{m^2}{4}P_c$
- 피변조파 전력 : $P = P_c + P_v + P_L = P_c\left(1+\frac{m^2}{2}\right)[W]$

3. 실험 예비 보고

3.1 평형변조기의 블록 다이어그램을 그리시오.

3.2 반송파 억압 AM 변조의 특징을 다른 AM 변조방식과 비교 설명하시오.

3.3 평형변조기가 DSB 신호를 어떻게 생성하는지 그 원리를 설명하시오.

4. 실험기자재 및 부품

4.1 사용기기

– 함수발생기(2대)

- 전원공급기
- 오실로스코프
- 디지털 멀티미터

4.2 사용부품

- 평형 변조기 모듈
  - 저항(12개) : 47Ω, 100Ω(2개), 820Ω, 1kΩ(2개), 1.2kΩ, 2.7kΩ(2개), 10kΩ(3개)
  - 커패시터(6개) : 0.1μF(3개), 22μF, 100μF(2개)
  - 가변저항(1개) : 50kΩ
  - IC : 1496/1596 평형 변조기/복조기

5. 실험방법 및 순서

5.1 [그림 3-6]의 평형 변조기를 확인한 후, [그림 3-7] 평형 변조기 모듈의 BJ5 단자를 전원공급기 양의 단자에, BJ6 단자를 전원공급기 접지 단자에 각각 연결한 후 12V의 전원을 공급한다.

5.2 [그림 3-7] 모듈의 BJ1 단자를 함수발생기(G_1) 양의 단자에, BJ2 단자를 함수발생기(G_1)의 접지 단자에, BJ3 단자를 함수발생기(G_2) 양의 단자에, BJ4 단자를 함수발생기(G_2)의 접지 단자에 각각 연결한다. G_1을 $1\,V_{p-p}$, 100kHz로, G_2를 $1\,V_{p-p}$, 200kHz로 조정하고, 가변저항 P_1을 중간범위로 조절한다.

5.3 오실로스코프를 사용하여 출력 신호(Vout, TP1)를 관찰하고, 실험 결과 보고서 1번에 파형을 정확하게 그린다.

5.4 가변저항 P_1을 변화시키면 출력 파형은 어떤 변화가 생기는가?

5.5 회로에서 G_2를 제거하고, 반송파의 출력 전압을 측정하여 실험 결과 보고서 [표 3-1]에 기록한다.

5.6 출력 신호를 관찰하면서, 반송파 출력 전압이 최소가 되도록 가변저항 P_1을 조절한다. 출력 전압을 측정하고 실험 결과 보고서 [표 3-1]에 기록한다.

5.7 회로에 G_2를 다시 연결한 후 출력 신호를 관찰하면서 G_2의 이득을 클리핑이 일어나지 않는 최대 출력 전압으로 조정한다. 측파대의 최대치를 측정하고 실험 결과 보고서 [표 3-1]에 기록한다.

5.8 실험과정 (5) 및 (7)의 결과를 토대로 반송파 억압치를 dB로 계산하고, 실험 결과 보고서 [표 3-1]에 기록한다.

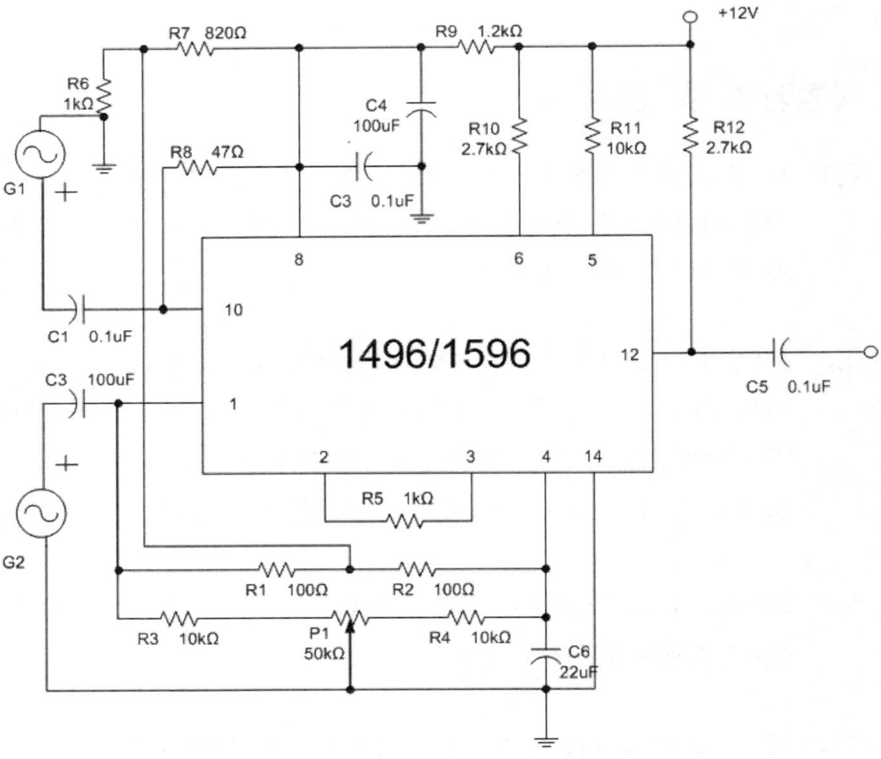

[그림 3-6] 평형 변조기

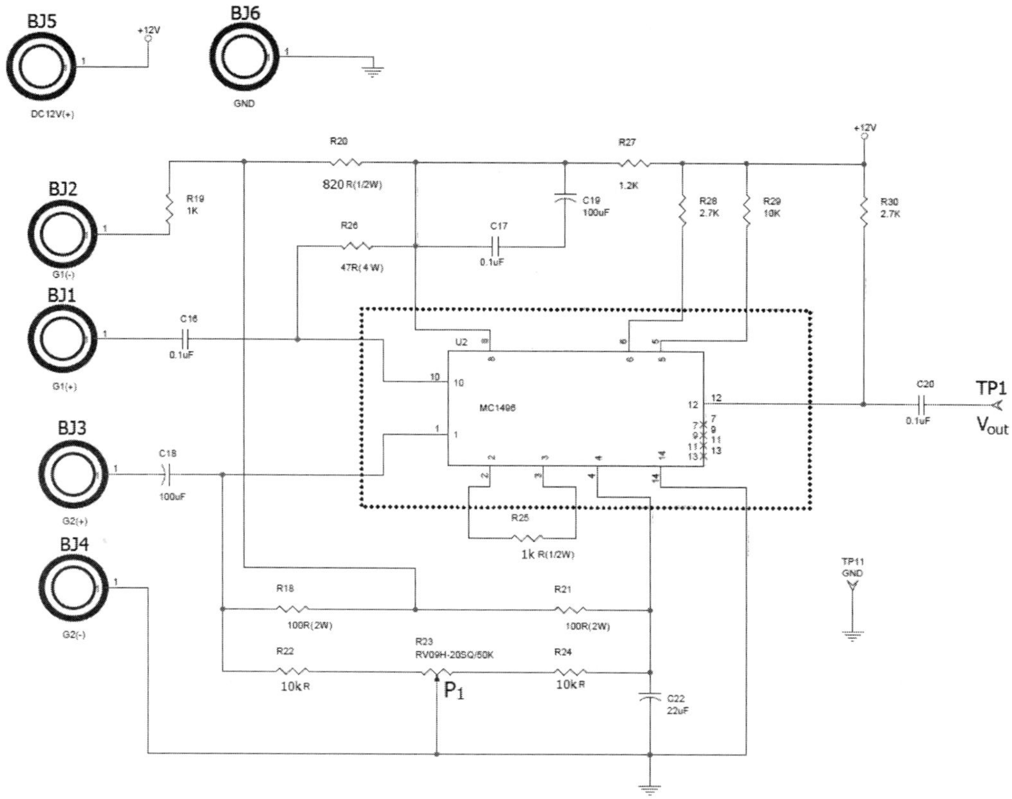

[그림 3-7] 평형 변조기 모듈 회로도

6. 주의사항 및 주요 관찰사항

6.1 주의사항

- 양 메시지 신호의 균형을 맞추기 위해서는 약간의 주파수 변화를 위한 함수발생기의 조절이 필요함을 인지하고 있어야 한다.
- 회로의 구성소자, 부품 및 사용기기에 대한 지식을 정확하게 습득한다.

6.2 주요 관찰사항

- 주파수를 변화시키면서 변조기의 균형을 정확하게 맞추는 방법을 습득해야 한다.
- 균형 잡힌 변조기가 반송파 신호를 최대한 억제할 수 있는지를 주의 깊게 관찰한다.

실험 결과 보고서

실험제목	실험 3. 평형 변조기								
학　과		학년		학번		조		성명	

(1) 실험과정 5.3의 출력 파형을 그리시오.

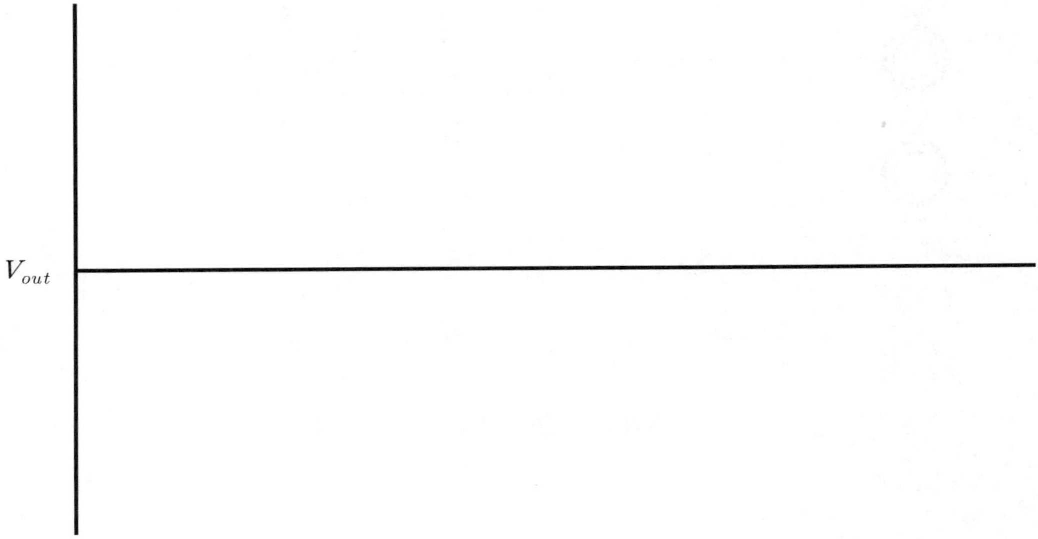

(2) 가변저항 P_1을 각각 최소 및 최대로 변화시키면 출력 파형에는 어떤 변화가 생기는가?

(3) 실험과정 5.5, 5.6, 5.7 및 5.8의 결과를 [표 3-1]에 기록하시오.

[표 3-1]

실험과정	측정값	결과
(5)	$V_{(carrier)}$	
(6)	$V_{(carrier,\,\mathrm{min})}$	
(7)	$V_{(peak,\,sideband)}$	
(8)	A_{dB}	

(4) 실험과정 5.4, 즉 평형을 맞추지 못할 경우의 영향에 대해 설명하시오.

(5) 이번 실험을 통해 무엇을 알 수 있는지 자세히 기술하시오.

실험 4 전압제어발진기(VCO : Voltage-Controlled Oscillator)

1. 실험 목적

본 실험을 통해

■ 통신시스템의 중요한 부품중의 하나인 전압제어발진기(VCO, Voltage-Controlled Oscillator)의 구조와 동작원리를 이해한다.

2. 기초이론

2.1 전압제어발진기(VCO: Voltage Controlled Oscillator)

전압제어발진기는 입력으로 인가된 전압의 크기에 따라 발진주파수가 변화하는 발진기 또는 회로이다. 낮은 주파수에서 사용하는 수정발진기의 경우 주파수를 변경하고자 할 때 회로에 사용되는 저항이나 커패시터 등의 값을 변화시키는 기계적인 방법을 사용했지만, VCO에서는 기계적인 조작대신 입력 전압을 바꿔준다는 점에서 차이가 있다. 주로 높은 주파수에서 사용된다. 대표적으로 FM 튜너의 수신회로에서 사용한다.

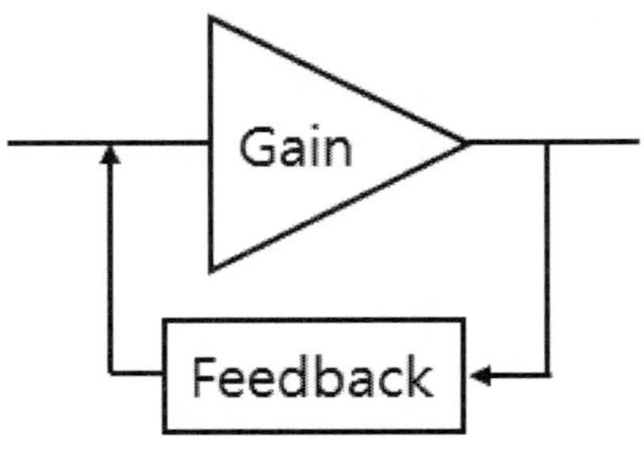

[그림 4-1] 귀환 루프

2.1.1 발진기의 동작원리

발진이란 회로의 구조 불안정, 공진으로 인해 특정 주파수의 미세한 진동이 발생할 경우 [그림 4-1]과 같은 귀환 루프에 의해 큰 신호로 바뀌는 현상을 말한다. [그림 4-1]과 같은 귀환 루프는 출력 신호가 다시 증폭기에 입력되어 계속해서 출력 값이 커지게 된다.

다시 말해, [그림 4-2]의 첫 번째 단계와 같이 증폭기의 구조 불안정 때문에 미세한 진동 신호가 발생하고, 그 진동신호가 귀환 루프를 통해 다시 증폭기에 입력된다. 따라서 입력된 진동신호는 다시 증폭되고 귀환루프를 계속 돌다보면 작은 크기의 진동신호는 더 큰 신호로 증폭되어 출력된다.

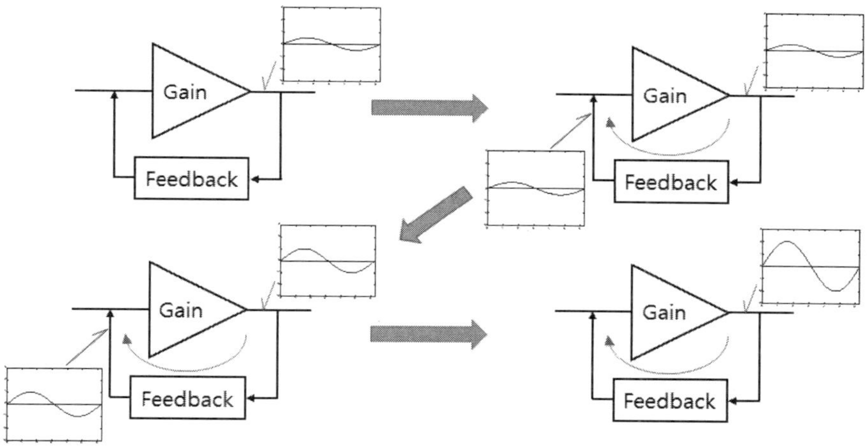

[그림 4-2] 발진 발생 과정

발진은 항상 출력 신호가 입력 신호보다 커지는 이득을 가진 능동회로에서 발생한다. 그렇지 않으면 증폭기의 구조 불안정성 때문에 발생되는 미세한 진동 신호가 귀환 루프를 귀환하더라도 증폭되지 않고 미세한 잡음 형태로 출력되기 때문이다. 이러한 발진 발생 과정을 응용하면 [그림 4-3]과 같이 발진 귀환 루프의 증폭기 앞에 공진기(resonator)를 연결하여 특정 주파수 성분만 증폭기를 통과할 수 있게 함으로써 주파수의 선택적 출력을 가능하게 한다. 이러한 공진부를 포함한 귀환 루프가 VCO에 해당한다.

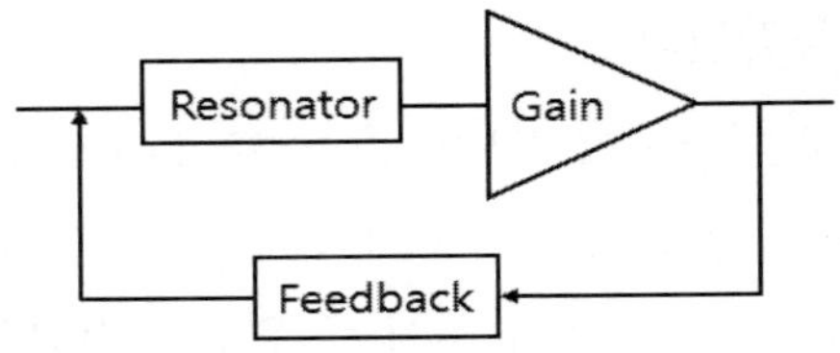

[그림 4-3] 특정 주파수만 출력 가능한 귀환 루프

2.1.2 VCO의 동작원리

RF 시스템은 정해진 대역 내에서 목적에 따라 여러 주파수중 하나를 선택하여 사용한다. 따라서 [그림 4-4]의 과정처럼 공진기를 조정함으로써 발진주파수를 선택할 수 있는 발진기를 설계해야 한다.

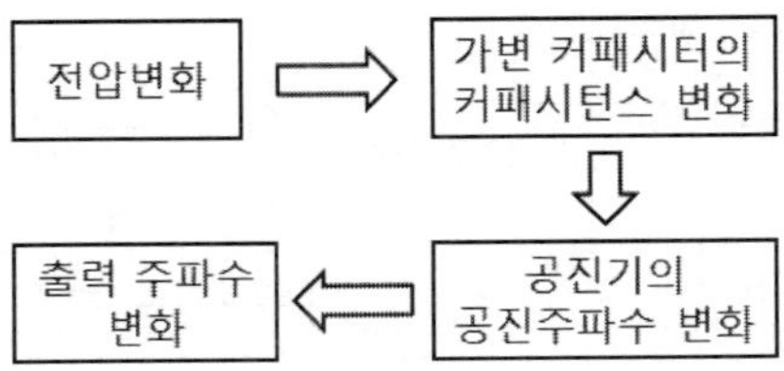

[그림 4-71] 발진기의 발진 주파수 선택과정

주파수 선택과정의 세 번째 단계에서 공진기에 입력되는 전압에 의해 공진 주파수가 변한다. VCO는 이러한 원리를 이용하여 입력되는 전압을 조절하여 출력 주파수를 선택할 수 있다.

VCO는 제어 전압에 따라 출력 주파수가 변하지만 온도 변화나 전압불안정과 같은 외부적 영향에 약한 단점이 있다. 즉, 원하는 발진주파수가 고정되지 않고 흔들리는 문제가 발생한다. 따라서 주파수 안정성을 향상시키기 위해 PLL(Phase locked loop) 회로를 이용한 주파수 고정과정이 필요하다.

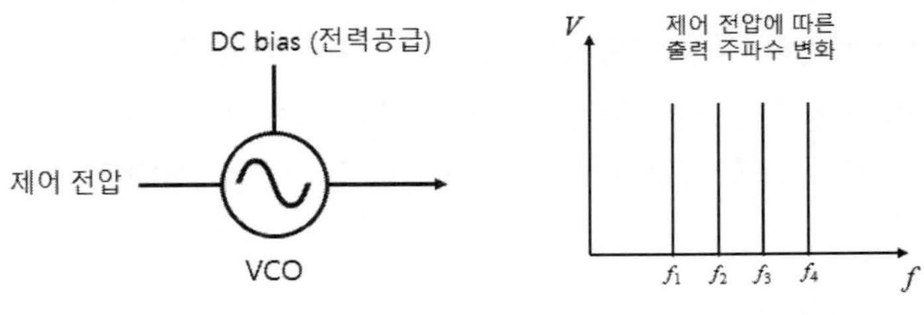

[그림 4-72] 제어 전압에 따른 출력 주파수 변화

3. 실험 예비 보고

3.1 VCO의 공진부에 해당하는 LC 공진회로에서 입력되는 전압에 의해 공진 주파수가 변하는 과정을 설명하시오.

3.2 VCO가 활용되는 예를 조사하라.

3.3 수정 발진기에 대해 조사하고 수정 발진기와 VCO의 차이점을 설명하라.

4. 실험기자재 및 부품

4.1 사용기기

- 함수발생기
- 전원공급기
- 오실로스코프
- 디지털 멀티미터

4.2 사용부품

- VCO 모듈
  - 저항(2개) : 1kΩ, 10kΩ
  - 커패시터(3개) : 0.001μF, 0.005μF, 10μF
  - 가변저항(2개) : 5kΩ, 20kΩ
  - IC : LM566 VCO

5. 실험방법 및 순서

5.1 [그림 4-6]의 VCO 회로로 구성된 [그림 4-7]의 VCO 모듈 회로도를 준비한다.

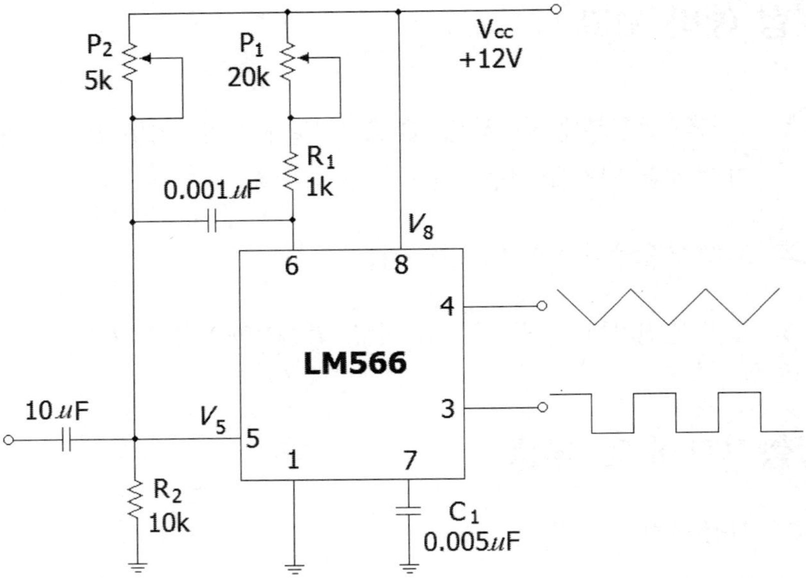

[그림 4-6] VCO 회로

$$f_{out} = \frac{2(V_{cc} - V_5)}{R_T C_1 V_{cc}} \tag{4.1}$$

$$R_T = P_1 + R_1 \tag{4.2}$$

$$20k\Omega > R_T > 2k\Omega \tag{4.3}$$

$$V_{cc} > V_5 > 0.75\,V_{cc} \tag{4.4}$$

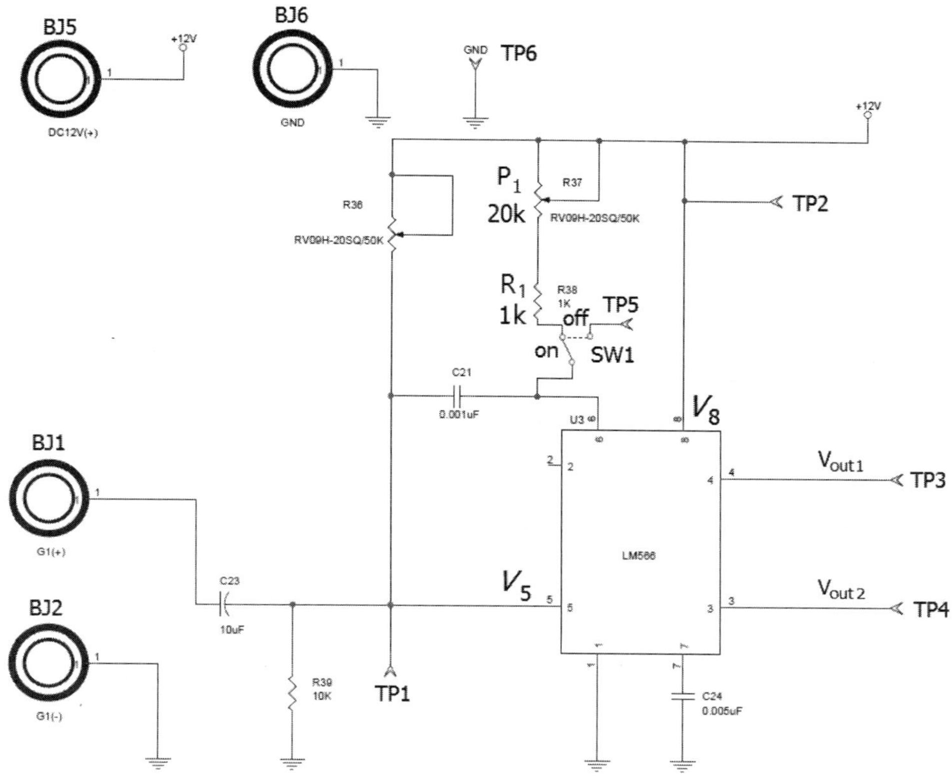

[그림 4-7] VCO 모듈 회로도

5.2 [그림 4-7] 모듈의 BJ5 단자를 전원공급기 양의 단자에, BJ6 단자를 전원공급기 접지 단자에 각각 연결한 후 12V의 전원을 공급한다. 이때, **스위치 SW1을 단락**(on)한다.

5.3 오실로스코프의 채널 A에 4번 핀을 연결하고, 채널 B에 3번 핀을 연결한다.

5.4 5번 핀에 바이어스 전압, 10.5V가 걸리도록 가변저항 P_2를 조정하고, 출력 주파수가 10kHz가 되도록 가변저항 P_1을 조정한다.

5.5 **스위치 SW1을 개방**(off)하고, 디지털 멀티미터 양의 단자를 TP5, 음의 단자를 TP6에 대고, 흐르는 전류(I)를 측정한다. 관계식 $R_T = 12/I$에 측정된 전류를 대입시켜 총 저항 값을 계산한다. 해당 값들로 출력 주파수 공식이 성립되는지 확인한다.

5.6 P_2를 조정하여 5번 핀의 전압(V_5)을 실험 결과 보고서의 [표 4-1]과 같이 조정하고, 8번 핀의 전압 V_8과 5번 핀의 전압 V_5의 차, 그리고 출력 주파수를 측정하여 실험 결과 보고서 [표 4-1]에 기록한다.

5.7 5번 핀에 걸리는 전압을 10.5V로 조정한 후 오실로스코프의 채널 A에 5번 핀을 연결한다. [그림 4-7] 모듈의 BJ1 단자를 함수발생기 양의 단자에, BJ2 단자를 함수발생기의 접지 단자에 각각 연결하여 10μF의 커패시터를 통해 주파수 100Hz 및 전압 1 V_{p-p}의 사인파를 공급한다. 입력 및 출력 파형을 관찰하여 실험 결과 보고서 2번에 정확하게 그리시오.

6. 주의사항 및 주요 관찰사항

6.1 주의사항

- 가변저항의 크기를 변경할 때 미세한 조절에도 가변저항 값이 크게 변할 수 있음을 인지한다.
- 모듈의 구성소자, 부품 및 사용기기에 대한 지식을 정확하게 습득한다.

6.2 주요 관찰사항

- 모듈에서 조정된 가변저항의 값과 저항 값의 합, 그리고 커패시터 값으로 VCO의 출력 주파수 공식을 확인한다.
- 가변저항을 조정함으로써 회로의 V_5의 변화에 따른 출력 주파수의 변화를 관찰한다.

실험 결과 보고서

<table>
<tr><td>실험제목</td><td colspan="9">실험 4. 전압제어발진기(VCO)</td></tr>
<tr><td>학 과</td><td></td><td>학년</td><td></td><td>학번</td><td></td><td>조</td><td></td><td>성명</td><td></td></tr>
</table>

(1) 실험과정 5.6의 결과를 [표 4-1]에 기록하고, $V_8 - V_5$와 측정된 f_{out}의 관계를 그래프로 나타내시오.

[표 4-1]

V_5	$V_8 - V_5$	f_{out} (측정값)	f_{out} (계산값)
4			
3.5			
3			
2.5			
2			
1.5			
1			
0.5			

(2) 실험과정 5.7의 입력 및 출력 파형을 그리시오.

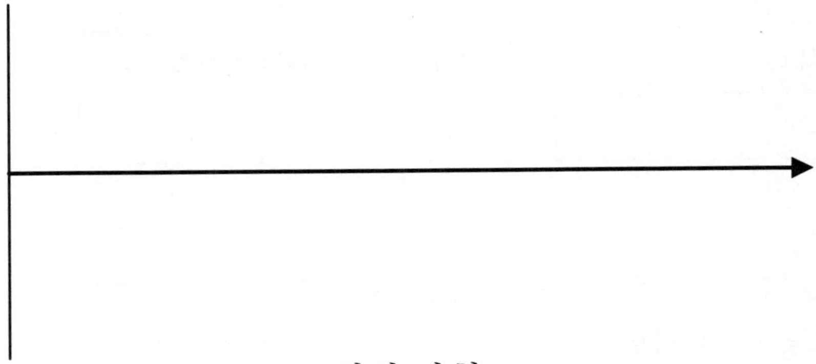

(a) 입력 파형

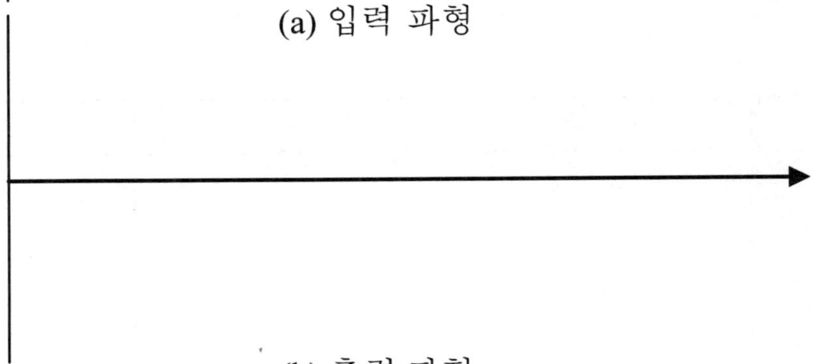

(b) 출력 파형

(3) 이번 실험을 통해 무엇을 알 수 있는지 자세히 기술하시오.

실험 5 위상고정루프 (PLL : Phase-Locked Loop)

1. 실험 목적

본 실험을 통해

- LM566 VCO의 출력 주파수가 제어전압에 선형적임을 확인하고 LM566의 회로가 변조에 해당된다는 것을 이해한다.
- LM565 PLL이 효과적인 주파수 복조기라는 것을 확인한다.

2. 기초이론

2.1 위상고정루프(PLL: Phase Locked Loop)

PLL은 출력 신호의 주파수를 항상 일정하게 유지시키는 주파수 부귀환 회로로서, 입력 및 출력 신호의 위상차를 검출하고, VCO를 제어하여 정확하게 고정시킨 주파수 신호를 발신한다.

2.1.1 PLL의 특징 및 필요성

디지털 클럭을 이용하는 디지털 신호 전송에서는 입력 신호가 '0'인지, '1'인지를 구분하기 위해 클럭의 시작점과 끝점을 명확히 알아야 한다. 그러나 무선 혹은 유선 상으로 신호를 전송하면 전송 매체에 따라 [그림 5-1]과 같이 신호 지연이 발생하고 위상이 변경되게 된다.

따라서 수신측에서 시작과 끝점에 대한 기준이 모호해져 입력되는 신호를 정확하게 판단하기 어렵다. 이때 입력되는 신호의 한 주기를 확실히 맞추면 위상지연이 발생하더라도 입력 신호를 쉽게 판단할 수 있다. 예를 들어 20°의 위상 지연이 발생하는 경우 지연된 위상을 20°가 아닌 0°로 고정시킴으로써(lock) 위상 지연에 상관없이 신호의 한 주기를 정확하게 맞출 수 있다. 이와 같은 방법으로 PLL 회로에서 신호의 위상이 흔들리지 않는 정확한 고정점을 잡아줄 수 있다.

해당 PLL 회로는 휴대폰이나 무전기의 주파수 제어뿐만 아니라 마이크로프로세서의 내부 클럭 주파수를 외부 클럭의 정수배로 변화시켜 고속화 용도로 사용되며, 고속 디바이스 및 주파수 합성기(frequency synthesizer)나 FM(Frequency Modulation) 원상회복기 등에도 사용된다.

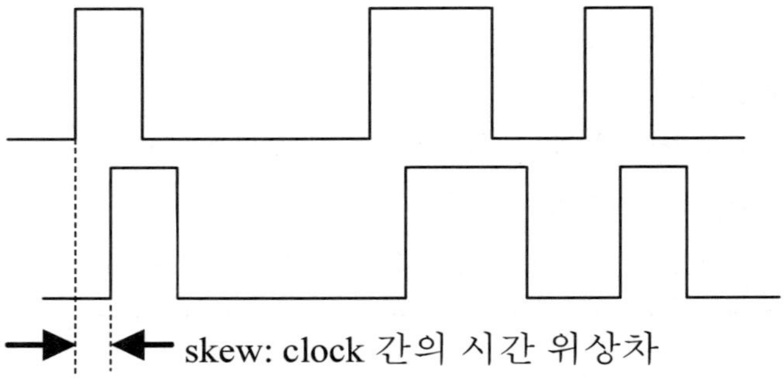

[그림 5-1] 클럭 간의 시간 위상차

2.2 PLL 역할

2.2.1 아날로그 고주파(RF: Radio Frequency)에서 PLL의 역할

아날로그 RF에서 PLL은 주파수를 고정하기 위해 사용된다. RF 시스템에서는 수신된 신호가 각종 믹싱과 증폭과정을 통해 처리되는데, 이러한 처리과정 이전에 VCO를 통해 신호의 주파수를 반드시 정확하게 고정해야 정상적인 작동이 가능하다. 그러나 VCO의 출력 주파수는 회로 자체의 영향, 주변 장비의 영향, 온도와 날씨의 영향 등에 의해 미세하게 흔들려 입력 주파수와 달라지는 경우가 발생한다. 이렇게 되면 RF 시스템이 비정상적으로 동작하게 된다. 위상은 주파수를 적분한 개념이기 때문에 위상을 고정하는 것은 주파수를 고정하는 것을 의미한다. 이 개념을 그대로 RF 시스템에 적용하면 시스템의 출력 주파수를 입력 주파수와 동일하게 고정하는데 사용할 수 있다.

또한, 위상을 고정하는 방법을 응용하여 주파수 튜닝에도 사용할 수 있다. PLL을 조절하여 디지털 클럭을 임의의 위상에 맞출 수 있듯이, 아날로그 RF 신호 역시 PLL

의 특정 부분을 바꾸어 출력 주파수를 원하는 주파수로 맞출 수 있다. 이러한 가변역할을 겸하게 되는 PLL을 주파수 합성기라고 표현하기도 한다.

2.2.2 주파수의 고정

앞서 설명한 것과 같이 RF 시스템에서는 여러 가지 변수에 의해 출력 주파수가 입력 주파수와 달라질 수 있다. 또한 VCO의 전압조절단자에 입력되는 전압에 따라 출력 주파수가 변경된다. [그림 5-2]는 VCO 전압 조절단에 입력되는 전압에 따른 출력 주파수의 변화를 나타낸 것이다

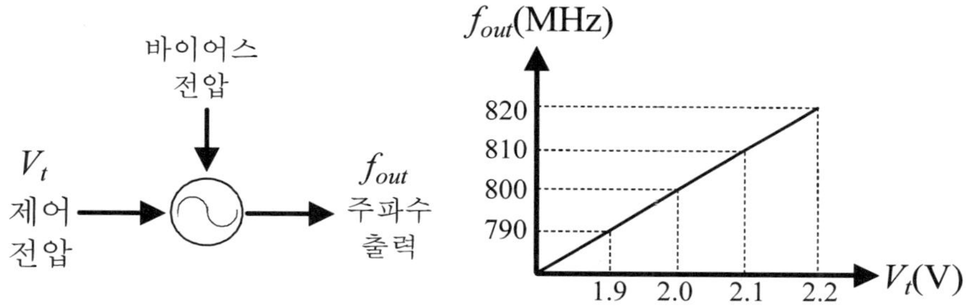

[그림 5-2] VCO 전압 조절단자 전압에 의한 출력 주파수 변화 예

예를 들어 [그림 5-2]와 같이 VCO에 2V가 입력되면 800MHz가 출력되고, 2.1V가 입력되면 810MHz가 나온다고 가정하면, [그림 5-3]과 같이 800MHz의 출력 주파수를 얻기 위해 2V를 인가하였을 경우 외부적인 요인으로 인해 VCO에 2V를 인가하였으나 810MHz의 주파수가 출력될 수 있다. 이러한 경우 출력 주파수를 800MHz로 맞추기 위해 입력 전압을 0.1V 낮추면 출력 주파수가 10MHz 감소하게 되어 800MHz의 원하는 출력 주파수를 얻을 수 있다. 즉, VCO에 2V가 아닌 1.9V를 입력함으로써 외부적인 요인으로 인한 출력 주파수의 변화를 보상할 수 있다.

[그림 5-3]의 주파수 고정 방법을 귀환 회로로 적용하면 [그림 5-4]의 PLL 귀환 회로와 같다. [그림 5-4]의 PLL 귀환 회로에서 A와 B는 각각 입력되는 기준 신호 및 현재 출력된 신호이다. 기준 신호 A가 입력되면 위상 비교기(P/D, Phase Detector)를 통해 A와 귀환된 신호 B를 비교하고, A와 B에 위상차가 존재할 경우 [그림 5-5]와 같이 A와 B의 두 위상 차이에 해당하는 펄스를 출력한다.

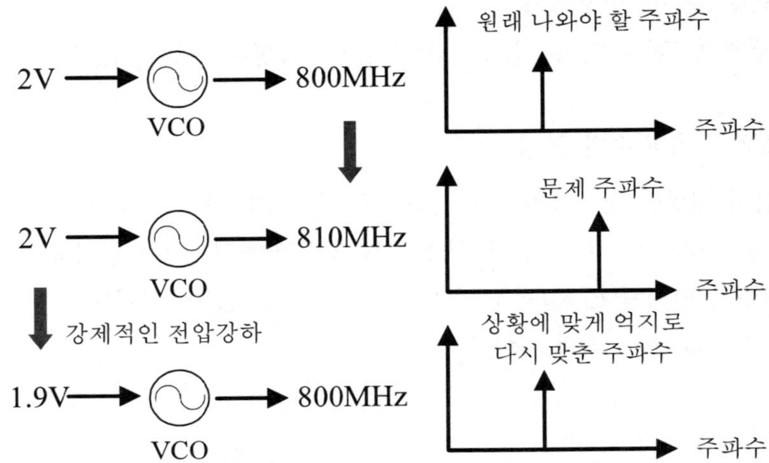

[그림 5-3] PLL의 주파수 고정

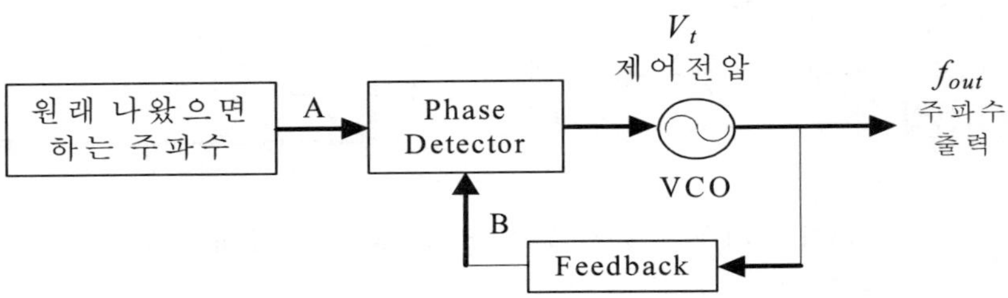

[그림 5-4] PLL 귀환 회로

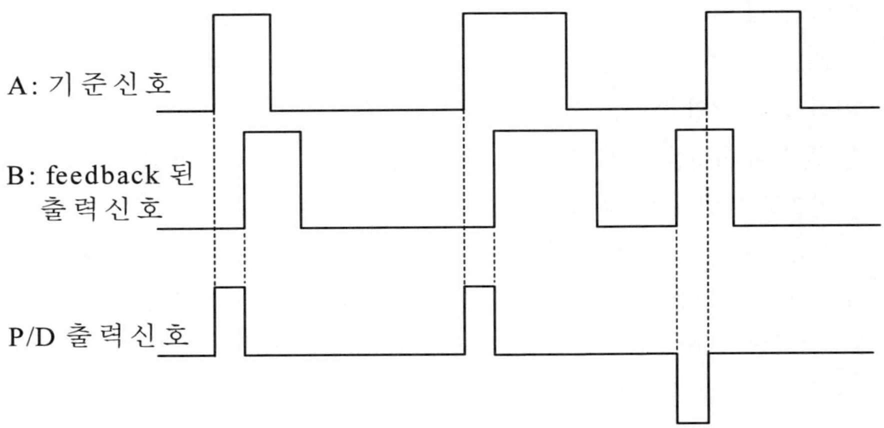

[그림 5-5] PLL의 P/D 출력 신호

P/D에서 출력되는 신호는 [그림 5-5]와 같이 A와 B의 위상차에 따라 펄스의 폭 및 부호가 달라진다. A의 위상이 더 빠른 경우 펄스는 "+" 부호를 가지고, B의 위상이 더 빠른 경우 "-"의 부호를 갖는다. 해당 펄스를 활용하면 신호 A, B의 위상차를 정량적으로 계산할 수 있다.

신호가 P/D를 거친 후에는 [그림 5-6]과 같이 펄스 전압 변환기를 통해 펄스를 특정 전압레벨로 변환한다. 펄스 전압 변환기에 입력되는 펄스의 폭을 적분하면, 주파수 차이에 비례하여 전압 값의 변화가 나타난다. 펄스 전압 변환기에서 이러한 원리를 이용하여 펄스를 전압으로 변환한다.

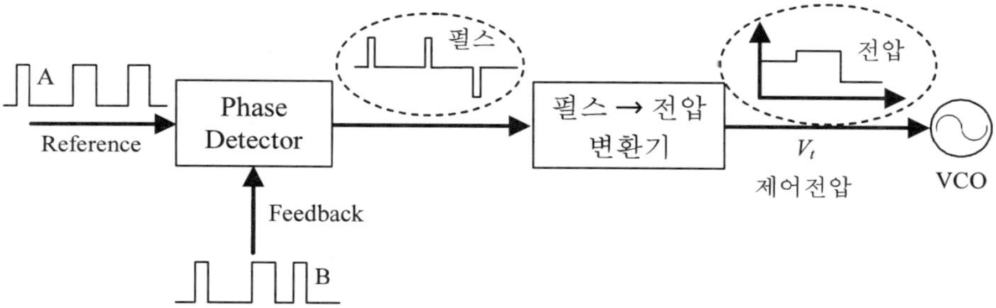

[그림 5-6] PLL의 펄스 전압 변환

따라서 펄스 전압 변환기는 [그림 5-4]의 신호 A와 B의 위상차에 해당되는 전압을 출력하고, 이는 출력 주파수를 조절하기 위해 VCO 전압조절단자의 입력을 제어할 수 있는 아날로그 전압 값에 해당된다.

[그림 5-7]은 PLL 회로에서 주파수를 고정하는 전 과정을 나타낸 것이다.

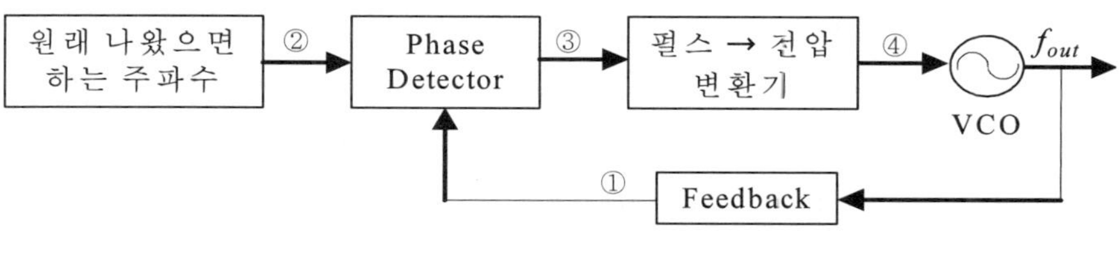

[그림 5-7] PLL의 주파수 고정

[그림 5-7] 동작 과정

① 출력주파수f_{out}을 피드백 받음

② P/D에서 원래 나왔으면 하는 주파수 값과 피드백 받은 f_{out}을 비교

③ 두 주파수의 차이에 해당하는 펄스를 생성

④ 생성된 펄스의 값을 적절한 전압 값으로 변환하여 VCO의 제어 전압으로 입력

[그림 5-2]의 VCO로 구성된 [그림 5-7]과 같은 PLL 회로에서 입력되는 신호의 기준 주파수가 800MHz이고, 출력주파수 f_{out} 도 800MHz로 기준 주파수와 동일하다면, P/D에서는 어떠한 펄스도 출력되지 않거나 정해진 기본 펄스만 출력된다. 또한 입력 신호가 800MHz이므로 펄스 전압 변환기에서 [그림 5-2]와 같이 2V의 전압을 출력하여 VCO에 입력함으로써 최종 출력 주파수는 800MHz가 된다.

반면 VCO 전압조절단자에 2V가 입력되었지만 [그림 5-7]의 과정 ①과 같이 VCO 출력주파수가 810MHz로 귀환되면, 과정 ②에서 P/D를 통해 기준 신호와 귀환 신호를 비교하고, 과정 ③과 같이 그 차리에 해당하는 펄스가 출력된다. 그 후 과정 ④에서 펄스 전압 변환기에 의해 펄스가 출력주파수 고정을 위해 적절한 전압, 즉 1.9V로 변환되어 VCO의 전압조절단자에 입력된다. 따라서 출력주파수가 원하는 기준 주파수인 800MHz로 고정될 때까지 이러한 과정 ①~④가 반복됨으로써 PLL 회로가 출력주파수를 고정사킬 수 있게 된다.

2.3.3 주파수 합성(frequency synthesizing)

주파수 합성은 기준 발진기의 신호를 증감하여 기준 주파수로부터 다양한 주파수를 얻은 것을 의미한다. PLL의 P/D는 주어진 주파수의 차이만 비교하기 때문에 P/D를 속일 수 있는 주파수를 넣어준다면, 그에 해당하는 전압이 VCO 전압조절단자에 입력되고 기준 주파수와 다른 주파수의 출력에서도 안정화될 수 있다. 자세한 설명은 [그림 5-8]과 같다.

[그림 5-8(a)]에서 1/100의 분주비로 동작하는 PLL 회로의 경우 출력주파수가 항상 800MHz로 일정하다. 만약 출력주파수를 792MHz로 변경하고 싶은 경우, [그림 5-8(b)]와 같이 먼저 divider의 분주비를 1/99로 조정하여 divider에서 8.08MHz의 주파수가 출력되게 한다. P/D를 통해 해당 신호를 8MHz의 입력 신호와 비교한 후 펄스 전압 변환기를 통해 그 차이에 해당하는 전압 값을 출력한다. 펄스 전압 변환기로부터 출력된 전압은 VCO의 전압조절단자에 입력되어 출력주파수를 792MHz로 바꾼다. 792MHz의 출력주파수가 다시 1/99 분주비의 divider로 입력되면 8MHz의 주파수가 출력되고, P/D에서 입력주파수 8MHz와 비교되어, 해당 회로는 처음의 출력주파수인 800MHz가 아닌 792MHz의 주파수로 안정화된다.

결국 divider의 분주비를 바꾸면 PLL의 출력주파수는 다른 주파수로 안정화된다. 이것이 귀환을 통한 고정이며, 주파수 합성을 의미한다. PLL의 출력주파수는 한 번에 안정화되는 것이 아니라 여러 차례의 귀환을 통해 [그림 5-9]와 같이 출력주파수가 진동하다가 점차 안정화된다.

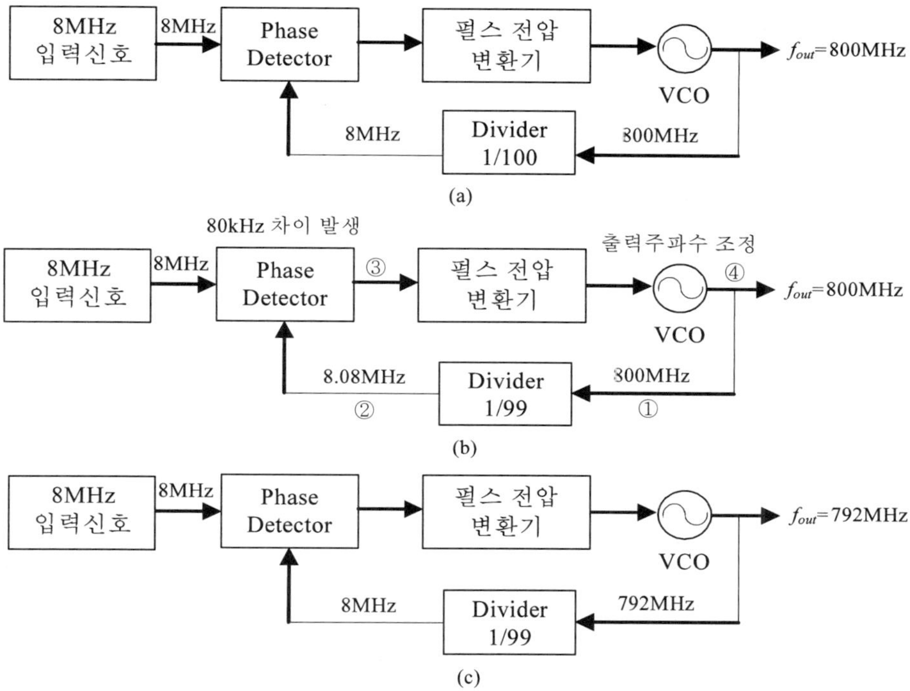

[그림 5-8] Divider 분주비 변경을 통한 출력주파수 조정과정

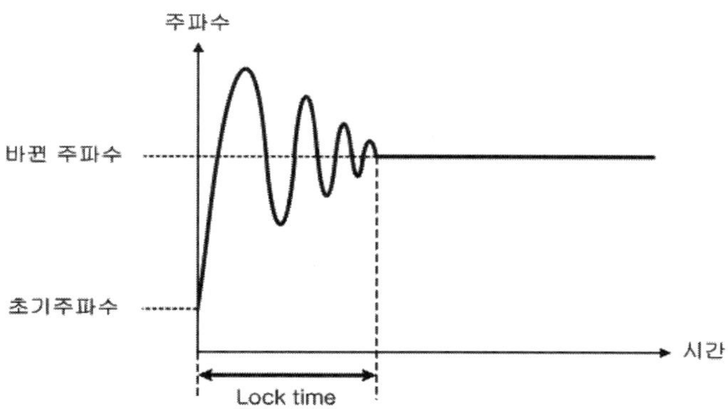

[그림 5-9] PLL의 주파수 안정화

3. 실험 예비 보고

3.1 PLL의 블록 다이어그램을 그리고, 각 구성요소의 특징을 간략히 설명하라.

3.2 PLL의 통신공학적 활용 예를 조사하라.

4. 실험기자재 및 부품

4.1 사용기기

- 함수발생기
- 전원공급기
- 오실로스코프
- 디지털 멀티미터

4.2 사용부품

- PLL 모듈
  - 저항(1개) : 47kΩ
  - 가변저항(1개) : 50kΩ
  - 커패시터(3개) : 0.1μF, 0.01μF, 0.001μF
  - IC : LM565 PLL

5. 실험방법 및 순서

5.1 [그림 5-10] 회로를 확인하다. [그림 5-11] 모듈에서 BJ5 단자를 전원공급기 양의 단자에, BJ6 단자를 전원공급기 접지 단자에, BJ7 단자를 전원공급기 음의 단자에 각각 연결한 후 6V의 전원을 공급한다.

5.2 [그림 5-11] 모듈에서 **스위치 SW1을 개방(off)**하고, 디지털 멀티미터 양의 단자를 TP3, 음의 단자를 TP4에 대고, 흐르는 전류($I=6/R_1$) 값이 0.3mA, 즉 가변저항 R_1이 20kΩ이 되도록 조정한다.

5.3 [그림 5-11] 모듈에서 **스위치 SW1을 단락(on)**한다.

5.4 [그림 5-11] 모듈에서 PLL의 내부 VCO(4번 및 5번 핀)의 주파수 f_0(V_{out2}, TP2)을 오실로스코프를 이용하여 측정한다. 이 주파수가 10kHz가 되도록 R1을 조정한다.

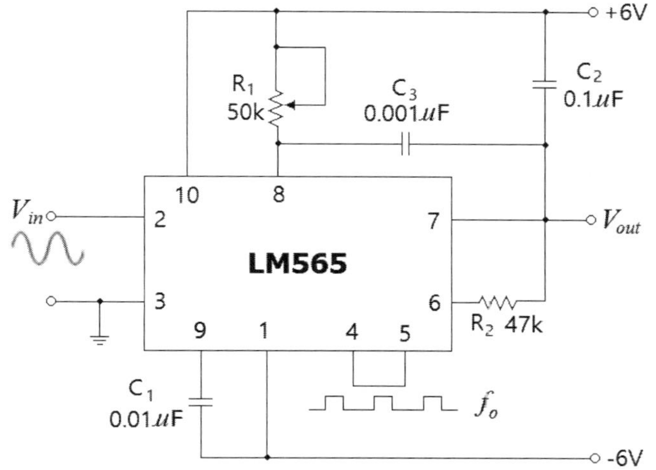

[그림 5-10] PLL 회로

$$f_o = \frac{1}{3.7R_1C_1} \tag{5.1}$$

$$f_k = \pm \frac{8f_o}{V_{cc}} \tag{5.2}$$

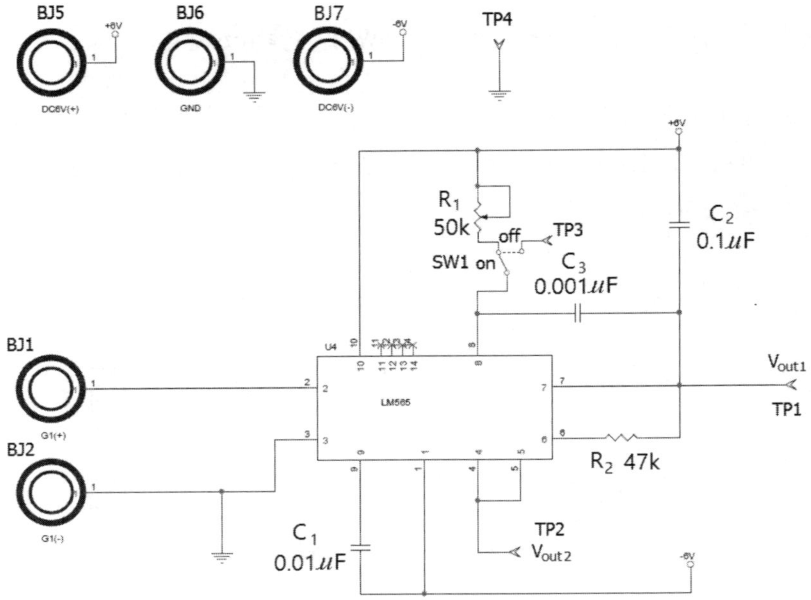

[그림 5-11] PLL 모듈 회로도

5.5 함수발생기로 입력 주파수 f_{in}이 10kHz이고, 전압 V_{in}이 $2V_{p-p}$인 구형파를 회로에 인가한다. 이때, [그림 5-11] 모듈의 BJ1 단자를 함수발생기 양의 단자에, BJ2 단자를 함수발생기의 접지 단자에각각 연결한다. 함수발생기를 회로에 연결하기 전에 반드시 전압 V_{in}과 주파수 f_{in}을 정확히 맞춘다.

5.6 오실로스코프로 $f_0 = f_{in}$ 일 때의 f_0와 f_{in}의 위상 관계를 측정하여 실험 결과 보고서 [표 5-1]에 측정값을 기록한다. 디지털 멀티미터를 사용하여 7번 핀의 복조전압 V_{out1}(TP1)을 측정하고, 실험 결과 보고서 [표 5-1]에 기록한다.

5.7 f_{in}을 천천히 감소시킨다. f_{in}이 감소하면 f_{out}이 감소되고, 또한 위상차가 변하고 V_{out1}의 크기도 변하는 것을 관찰할 수 있다. 따라서 회로가 고정되었다는 것을 알 수 있다. 실험과정 (8)부터 (10)까지의 결과를 통해 주파수-전압 변환의 선형성, 고정 범위 및 회로의 고정에 대한 포착 범위를 알 수 있다.

5.8 f_{in}을 10kHz 이하로 천천히 감소시킨다. 입력 주파수가 감소될 때, f_0와 f_{in}의 위상차가 멀어지는가? 가까워지는가? 또한 f_{in}이 감소될 때, 7번 핀의 출력 전압에 어떠한 결과가 나타나는가?

5.9 내부 VCO는 f_0 와 f_{in} 의 위상이 고정되거나 180° 차이가 날 때까지 입력 주파수를 추적한다. 이 이상 차이가 나면 PLL은 f_{in} 에 고정되지 못한다. f_{in} 을 감소시켜서 최저 고정 지점의 주파수를 측정하여 실험 결과 보고서 [표 5-2]에 기록한다.

5.10 최저 고정 지점 이하로 내려갔을 때, f_{in} 을 천천히 증가시킨다. PLL이 f_{in} 에 고정되는 주파수를 실험 결과 보고서 [표 5-2]에 기록한다. 이것이 곧 최저 포착 지점이다. 포착 지점이 저역통과 필터 C_2와 루프이득 조정 R_2의 함수관계이다.

5.11 f_0 를 넘는 범위에서의 PLL의 포착 반응을 분석하기 위해 실험과정 (9) 및 (10)을 반복한다. 최대 고정 지점과 최고 포착 지점을 실험 결과 보고서 [표 5-2]에 기록한다.

5.12 입력 주파수를 고정 범위 내에서 증가시킨다. 입력 주파수, V_{out1}, f_{in} 및 f_0 와의 위상관계를 실험 결과 보고서 [표 5-1]에 기록한다.

5.13 실험 결과 보고서 [표 5-1]의 결과를 기반으로 입력 주파수 대 복조 전압의 관계를 그린다. 고정 및 포착 범위를 표시한다.

6. 주의사항 및 주요 관찰사항

6.1 주의사항

- LM565 회로에서 결합 커패시터는 LM565의 입력 신호가 그라운드에서 상하로 진동할 수 있도록 해야 한다.
- LM565의 입력 전압은 최대 $2V_{p-p}$ 이하가 되도록 한다.
- 변조 주파수의 편이는 LM565의 고정 범위 내에 있어야 한다.
- 변조 중인 제어신호의 복사본이 LM565의 출력에 나타나야 한다.

6.2 주요 관찰사항

- 주파수가 전압으로 복조되는 주파수 복조 개념을 이해한다.
- 주파수의 변화에 따라 내부 VCO 주파수와의 차이에 의한 위상차를 직접 확인하고, 그에 따른 복조 전압의 변화를 이해한다.

실험 결과 보고서

실험제목	실험 5. 위상고정루프(PLL)							
학 과		학년		학번		조		성명

(1) 실험과정 5.6 및 5.12의 결과를 [표 5-1]에 기록하시오.

[표 5-1]

f_{in} 및 f_{out} 사이의 위상차	주파수	복조 출력 전압 V_{out1}
0°	upper lock	
90°		
180°	lower lock	

(2) 실험과정 5.8에서 입력 주파수가 감소될 때, f_0와 f_{in}의 위상차가 멀어지는가? 가까워지는가? 또한 f_{in}이 감소될 때, 7번 핀의 출력 전압에 어떠한 결과가 나타나는가?

(3) 실험과정 5.9, 5.10 및 5.11의 결과를 [표 5-2]에 기록하시오.

[표 5-2]

실험과정	측정값	결과
5.7	최저 고정 지점 (lower look range)	
5.8	최저 포착 지점 (lower capture range)	
5.9	최고 고정 지점 (upper look range)	
	최고 포착 지점 (upper capture range)	

(4) 입력 주파수 대 복조전압의 관계를 그리시오.

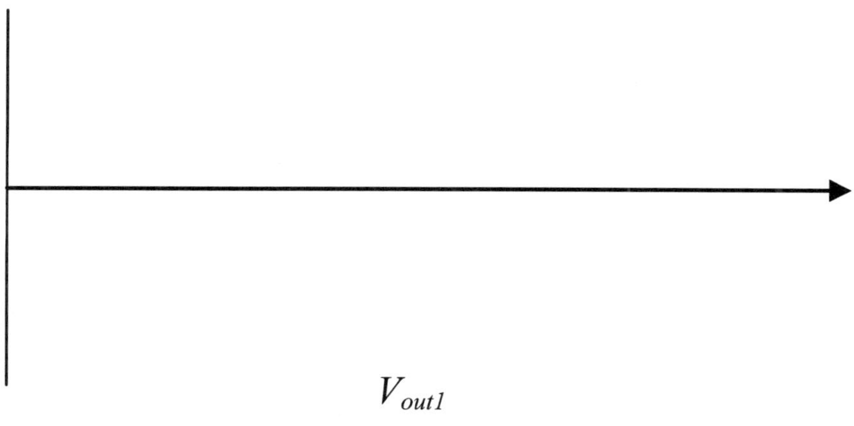

(5) 실험과정 5.8의 입력 주파수의 영향을 설명하시오.

(6) 이번 실험을 통해 무엇을 알 수 있는지 자세히 기술하시오.

실험 6 주파수 변조(FM: Frequency Modulation) 및 복조

1. 실험 목적

본 실험을 통해

- 단일 IC와 몇 개의 소자를 이용하여 주파수 변조 (FM) 및 PLL 동위상 FM 복조기를 구성할 수 있음을 확인한다.
- FM 반송파를 주파수 변조시킴으로써 나타나는 효과를 관찰한다.
- FM 복조기를 구성하여 FM 복조 과정을 이해한다.

2. 기초이론

2.1 위상 및 주파수 변조(PM/FM: Phase/Frequency Modulation)

AM에서는 반송파의 진폭을 변화시켜서 정보를 전송한다. 그러나 정현파 신호는 진폭, 주파수, 위상의 세 가지 변조로 표시되는데, 그 어느 것을 변화시켜도 정보를 전송할 수 있다. 주파수 변조(FM: Frequency Modulation)는 AM과 함께 널리 사용되는 변조방법으로, 신호파의 크기변화를 반송파의 주파수 변화로 변조한다. 또한 위상 변조(PM: Phase Modulation)는 신호파의 위상 변화로 변조한다. 따라서 FM과 PM을 일괄해서 각(angle) 또는 지수형 변조라 한다.

AM은 주파수가 고정되고 진폭이 변화하는 반면, FM은 주파수가 변하는 대신 진폭은 항상 같은 값을 유지한다. [그림 6-1]과 같이 신호의 전압이 높을수록 주파수가 높아져서 파장이 조밀해지고, 반대로 전압이 낮을 때는 주파수가 낮아져서 파장이 넓어지게 된다. PM은 신호가 구형파의 경우 양의 진폭과 음의 진폭에 대해 위상 반전의 원리를 이용한다. 또한 정현파의 경우 음의 진폭에서 양의 진폭으로 변화되는 지점에서 주파수가 높아져서 파장이 조밀해지고, 반대의 경우 주파수가 낮아져서 파장이 넓어지게 된다.

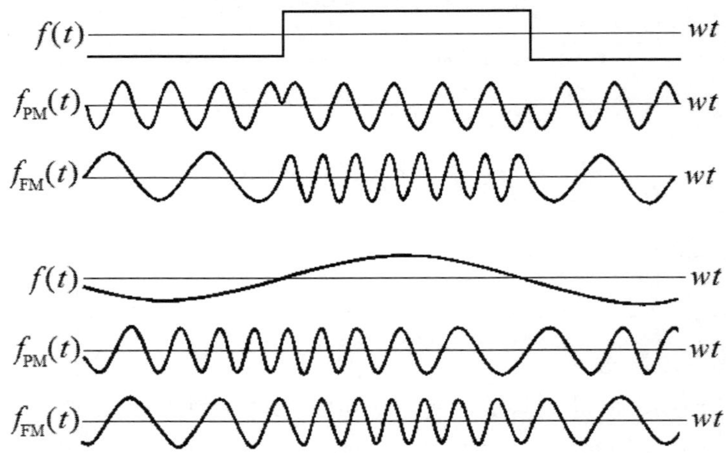

[그림 6-1] 주파수 및 위상 변조 원리

AM에 대한 FM의 주요 장점을 보면,

1. 신호 대 잡음비(SNR: Signal-to-Noise Ratio)의 개선, 인공의 간섭에 대해 AM에 비해 25dB의 SNR이 증가되는 것으로 나타남.
2. 두 인접한 FM 송신장치가 같은 주파수에서 동시에 동작하고 있을 때, 지리적인 간섭영역이 작음.
3. 같은 SNR에 대해 작은 방사전력.
4. 송신장비의 효율적인 이용.
5. 전계강도(field intensity)가 어떤 낮은 값에 도달할 때까지 FM의 SNR이 높은 상태로 유지(threshold effect)되므로, 어떤 주어진 송신장치에 대해 균일하고, 명확한 유효범위(service area)를 가짐.

일반적으로 FM 및 PM에서 신호파 및 반송파를 식으로 각각 식 (6.1a), (6.1b) 및 (6.2)로 표현할 수 있다.

$$f(t) = A_m \cos(2\pi f_m t) \quad \text{(FM)} \tag{6.1a}$$

$$f(t) = A_m \sin(2\pi f_m t) \quad \text{(PM)} \tag{6.1b}$$

$$f_c(t) = A_c \cos(2\pi f_c t + \phi(t)) \tag{6.2}$$

$$\phi_i(t) = 2\pi f_\triangle \int_{-\infty}^{t} f(\lambda) d\lambda \quad \text{(FM)} \tag{6.3a}$$

$$\phi_i(t) = \phi_\triangle f(t), \ \phi_\triangle \le 180^\circ \quad \text{(PM)} \tag{6.3b}$$

식 (6.1a) 및 (6.1b)에서 A_m과 f_m은 각각 신호파의 진폭과 주파수이며, 식 (6.2)에서 A_c 및 f_c는 각각 반송파의 진폭 및 주파수이다. 순시 위상 $\phi_i(t)$인 식 (6.3a) 및 (6.3b)에서 $f_\triangle$ 및 $\phi_\triangle$는 각각 주파수 편이 및 위상 변조 지수(또는 위상 편이)를 나타낸다.

FM 신호의 경우, 변조된 파의 순시주파수는

$$f_i(t) = f_c + f_\triangle f(t), \ f_\triangle < f_c \tag{6.4}$$

와 같이 정의되어, $f_i(t)$는 변조 신호에 비례하여 변화한다. 주파수 편이라고 불리는 비례 상수$f_\triangle$는 반송파 주파수 f_c에 대한 $f_i(t)$의 상대적인 최대 전이를 나타낸다.

식 (6.1a)~(6.4)로부터 주파수 및 위상 변조된 파형은 각각

$$f_{FM}(t) = A_c \cos\left(\omega_c t + \frac{f_\triangle A_m}{f_m} . \sin \omega_m t\right) \quad \text{(FM)} \tag{6.5}$$

$$f_{PM}(t) = A_c \cos(\omega_c t + \phi_\triangle A_m \sin \omega_m t) \quad \text{(PM)} \tag{6.6}$$

으로 주어지며, 파라미터 β는 FM 또는 PM의 변조 지수가 된다. 이 파라미터는 최대 위상 편이와 같고, 양쪽 모두 진폭 A_m에 비례한다. 하지만 FM일 경우에는 $\cos\omega_m t$를 적분하면 $(\sin\omega_m t)/\omega_m$가 되므로, β는 주파수 f_m에 반비례한다.

$$\beta_f = \frac{f_\triangle A_m}{f_m} \quad \text{(FM)} \tag{6.7}$$

$$\beta_p = \phi_\triangle A_m \quad \text{(PM)} \tag{6.8}$$

따라서 식 (6.5)~(6.8)로부터 주파수 변조된 파형과 위상 변조된 파형을 각각 구할 수 있다.

$$f_{FM}(t) = A_c \cos(\omega_c t + \beta_f \sin\omega_m t) \quad \text{(FM)} \tag{6.9}$$

$$f_{PM}(t) = A_c \cos(\omega_c t + \beta_p \sin\omega_m t) \quad \text{(PM)} \tag{6.10}$$

식 (6.1a)~(6.6)으로부터 알 수 있듯이 FM의 경우는 반송파의 위상이 변조신호의 적분형태에 선형으로 변하며, PM에서는 반송파 신호의 위상이 변조신호 $f(t)$에 따라 선형으로 변한다.

FM 및 PM 변조 방식의 대역폭은 카슨의 법칙(Carson's rule)에 의해 결정되고, 여기서 의미하는 대역폭은 메시지 신호의 변조를 위해 필요한 최소 대역폭이다. 그리고 식 (6.11) 및 (6.12)에서 W는 메시지 신호의 대역폭을 의미한다. 식 (6.12)에서 $\phi_\triangle$가 W와는 무관하다는 점에서 FM의 경우와 다르다.

$$B_T \approx 2(f_\triangle + W) \quad \text{(FM)} \quad \begin{matrix} f_\triangle \gg W \\ f_\triangle \ll W \end{matrix} \tag{6.11}$$

$$B_T \approx 2(\phi_\triangle + 1)W \quad \text{(PM)} \tag{6.12}$$

$A_m = 1$과 $f_m = W$를 갖는 최대 포락선 최대 주파수 톤일 경우, 식 (6.11)과 (6.12)는 식 (6.13) 및 (6.14)로 표현할 수 있다.

$$B_T \approx 2f_m(1 + \frac{f_\triangle}{f_m}) = 2f_m(1+\beta_f) \quad \text{(FM)} \quad \begin{matrix} \beta_f \gg 1 \\ \beta_f \ll 1 \end{matrix} \tag{6.13}$$

$$B_T \approx 2f_m(1+\beta_p) \quad \text{(PM)} \tag{6.14}$$

FM 방식은 잡음에 의한 신호 레벨의 변동에 강하고, AM에 비해 혼선이 적다. 따라서 신호 대 잡음비가 AM 방식에 비해 높다. 하지만 AM 방식보다 많은 주파수 점유 대역폭을 요구하는 단점을 가지고 있다.

2.2 FM 통신 방식

2.2.1 직접 FM 방식

FM의 통신 방식 중 하나인 직접 FM 방식은 발진 회로의 발진주파수를 신호파의 진폭에 비례해서 직접 변화시키는 방법이다. 발진주파수를 직접 변화시키기 위해 [그림 6-2]와 같이 리액턴스 트랜지스터, 가변 용량 다이오드(바리캡) 등을 사용한다.

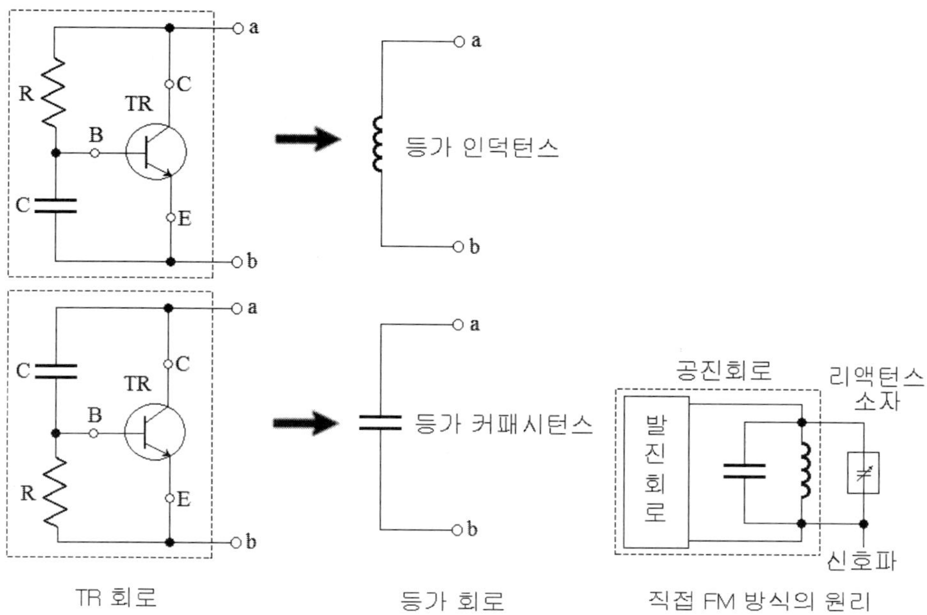

[그림 6-2] 리액턴스 트랜지스터

직접 FM은 변조가 간단하지만 반송파의 안정도가 좋지 않다. 이러한 직접 FM 변조의 종류로는 LC 발진기, 수정 발진기 등이 있다.

2.2.2 간접 FM 방식

간접 FM 방식은 위상 변조에 의해 간접적으로 FM 파를 만드는 방식이다. 신호의 주파수 f_s 에 반비례하고, 위상을 90 다르게 하는 보정회로(적분회로)를 통해 위상을 변조시켜서 FM 파를 출력한다.

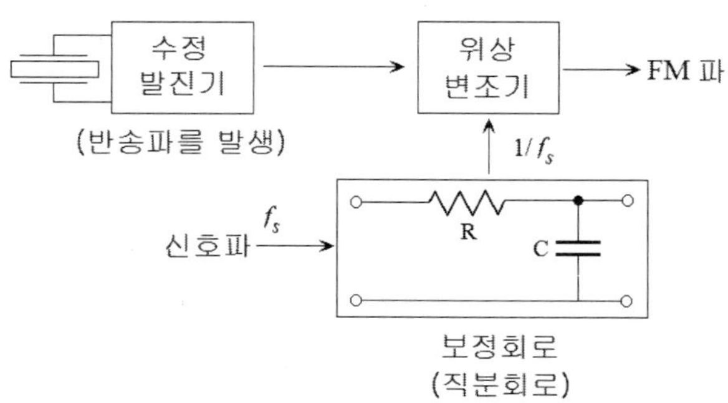

[그림 6-3] 간접 FM 방식의 원리

2.2.3 FM 통신 복조 시스템

FM 신호에 이상적인 미분기와 포락선 검파기를 이용하여 원래 메시지 신호 $f(t)$를 복원할 수 있다. 먼저 주파수 변조 신호의 일반적인 형태는 식 (6.15)와 같다.

$$f_{FM}(t) = A_c \cos\left(2\pi f_c t + 2\pi f_{\triangle} \int_{-\infty}^{t} f(\lambda) d\lambda\right) \tag{6.15}$$

식 (15)의 FM 신호를 미분하면 식 (16)과 같다.

$$\frac{df_{FM}(t)}{dt} = -A_c(2\pi f_c + 2\pi f_{\triangle} f(t))\sin\left(2\pi f_c t + 2\pi f_{\triangle} \int_{-\infty}^{t} f(\lambda) d\lambda\right) \tag{6.16}$$

식 (6.16)에서 메시지 신호 $f(t)$가 진폭과 위상 부분에 나타나는 것을 확인할 수 있다. 위상 부분에 남아 있는 메시지 신호 $f(t)$는 확인하기 힘들지만, 진폭 부분의 $f(t)$는 형태적으로 AM 방식과 유사하다는 것을 알 수 있다. 따라서 미분기를 통과한 FM 신호가 포락선 검파기를 통과하면 메시지 신호 $f(t)$가 확인될 수 있다.

3. 실험 예비 보고

3.1 FM의 장·단점을 AM과 비교 설명하시오.

3.2 FM 복조기의 동작원리를 설명하시오.

3.3 FM 변·복조가 실생활에 이용되는 예를 조사하시오.

4. 실험기자재 및 부품

4.1 사용기기

- 함수발생기
- 전원공급기(2대)
- 오실로스코프
- 디지털 멀티미터

4.2 사용부품

- FM 및 복조 모듈
  - 저항(8개) : 150Ω, 560Ω(2개), 4.7kΩ(2개), 10kΩ, 47kΩ, 100kΩ
  - 가변저항(1개) : 10kΩ
  - 커패시터(8개) : 470pF, 0.001μF(2개), 0.01μF, 0.1μF, 1μF, 10μF, 22μF
  - IC : XR2206, 565

5. 실험방법 및 순서

5.1 FM 변조

5.1.1 [그림 6-4]의 FM 변조 회로를 확인한다. 변조회로와 복조회로를 격리시켜야 하므로, [그림 6-6] 모듈에서 **스위치 SW1이 개방**되어 있는지를 확인한다.

5.1.2 [그림 6-6] 모듈 회로도의 BJ5 단자를 전원공급기 양의 단자에, BJ6 단자를 전원공급기 접지 단자에, BJ7 단자를 전원공급기 음의 단자에 각각 연결한 후 15V의 전원을 공급한다.

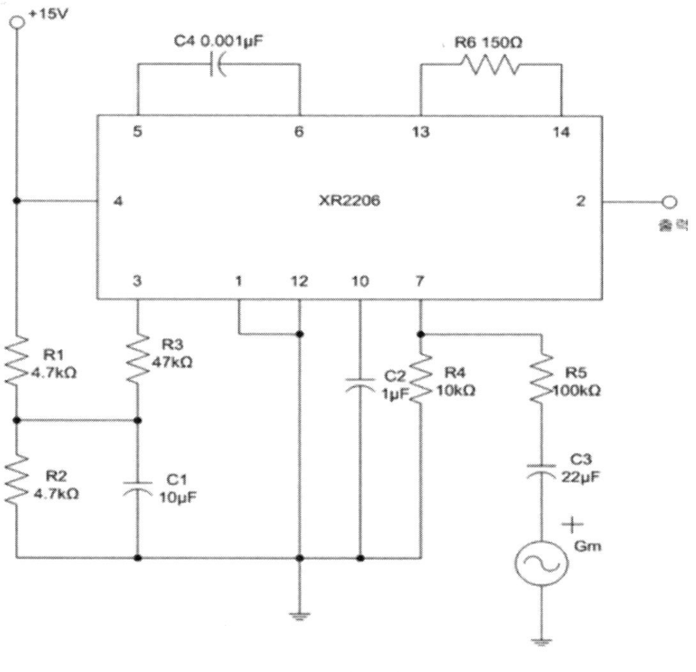

[그림 6-4] FM 변조 회로

5.1.3 [그림 6-6] 모듈의 BJ1 단자를 함수발생기(G_m) 양의 단자에, BJ2 단자를 함수발생기(G_m)의 접지 단자에 각각 연결한다. G_m의 주파수를 100Hz로 조정한다. 발진기의 이득조정기가 편이율을 조정(즉, 편이율은 함수발생기 진폭에 비례)하므로 함수발생기의 진폭이 최소가 되도록(최소 편이율이 되도록) 조절한다.

5.1.4 오실로스코프로 FM 출력 신호를 관찰한다. 실험 결과 보고서 1번에 파형을 정확하게 그리고, 전압레벨을 표시한다.

5.1.5 G_m이득 조정기를 $2V_{p-p}$로 조정하고, FM 출력 신호의 출력 파형에 어떠한 변화가 나타나는지 관찰하여 실험 결과 보고서 2번에 기록한다.

5.1.6 이득 조정기를 0V부터 $4V_{p-p}$까지 변화시킨다. 이득률을 변화시키면 어떤 값에 변화가 생기는지 관찰하고, 실험 결과 보고서 3번에 기록한다.

5.1.7 이득을 다시 $2V_{p-p}$로 조정한다. 이때 주파수 편이를 가능한 정확하게 측정하고, 실험 결과 보고서 4번에 기록한다.

5.1.8 출력 신호를 관찰하면서, 변조 신호 발생기의 주파수를 100Hz에서 10kHz로 천천히 변화시킨다. 변조신호의 주파수가 증가됨에 따라 주파수 편이는 어떻게 나타나는지 확인하고, 실험 결과 보고서 5번에 기록한다.

5.2 FM 복조

5.2.1 [그림 6-5]의 FM 복조 회로를 확인한다.

5.2.2 [그림 6-4]의 출력이 [그림 6-5] 회로의 입력에 연결되도록 **스위치 SW1을 단락**(on)한다.

5.2.3 [그림 6-6] 모듈 회로도의 BJ8 단자를 전원공급기 양의 단자에, BJ9 단자를 전원공급기 음의 단자에 각각 연결한 후 12V의 전원을 공급한다.

5.2.4 G_m함수발생기를 주파수 100Hz, 전압 $3V_{p-p}$로 조정하여 회로에 전원을 인가하고, 실험 결과 보고서 6번에 관찰된 파형을 정확하게 그린다.

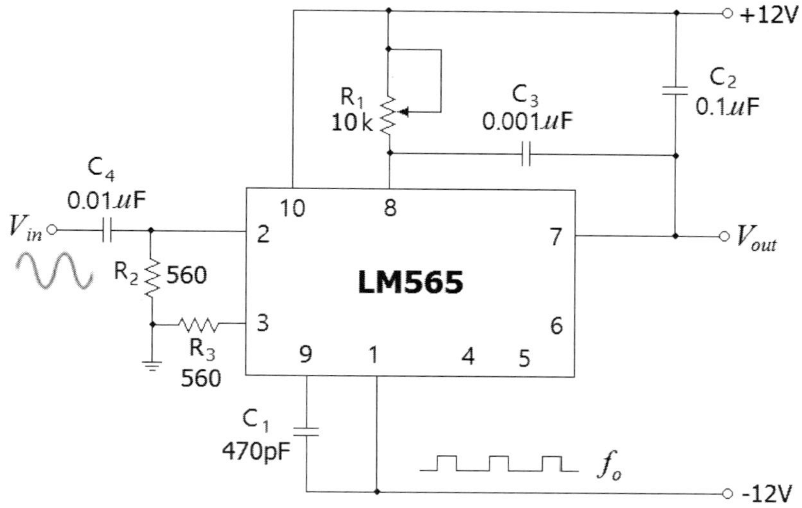

[그림 6-5] FM 복조 회로

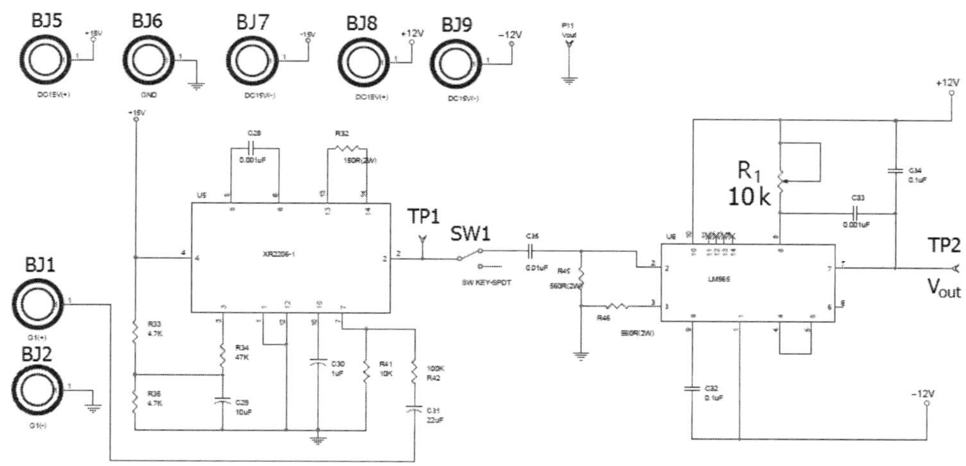

[그림 6-6] FM 및 복조 모듈 회로도

5.2.5 필요하다면 복조 출력에 사인파가 얻어질 때까지 가변저항 R_1을 조정한다.

5.2.6 G_m의 주파수와 이득을 변화시키며 복조 출력을 관찰하고, 실험 결과 보고서 7번에 이를 설명한다.

6. 주의사항 및 주요 관찰사항

6.1 주의사항

- 주파수 편이가 아주 미세하게 발생하면 메시지 신호의 진폭 변화가 빨라져서 진폭의 변화에 따른 주파수 편이가 입력 신호를 따르지 못한다는 점을 주의해야 한다.

6.2 주요 관찰사항

- XR2206 칩을 이용한 FM 변조기에서 실제로 출력되는 FM 파형을 주의 깊게 관찰한다.
- 메시지 신호의 크기를 직접 바꾸어 가며 주파수 변조 정도를 확인한다.
- 메시지 신호와 주파수에 변화를 주면서 나타나는 변조의 형태를 알아본다.

실험 결과 보고서

실험제목	실험 6. 주파수 변조(FM) 및 복조								
학　　과		학년		학번		조		성명	

(1) 실험과정 5.1.4의 출력 파형을 그리고 전압레벨을 표시하시오.

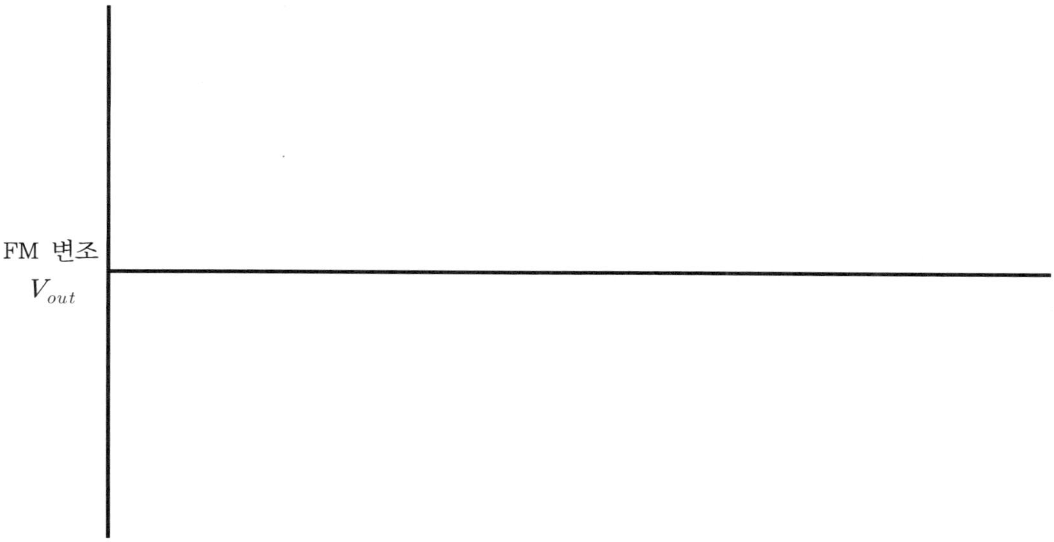

(2) G_m 진폭을 $2\,V_{p-p}$로 조정하고, FM 출력 신호를 관찰하면 출력 파형에 어떠한 변화가 나타나는가?

(3) G_m 진폭을 0V부터 $4\,V_{p-p}$까지 변화시킨다. 이득률을 변화시키면 어떤 값에 변화가 생기는가?

(4) 진폭을 다시 $2V_{p-p}$로 조정한 후의 주파수 편이 값을 측정한다.

(5) 실험과정 5.1.8에서 변조신호의 주파수가 증가됨에 따라 주파수 편이는 어떻게 나타나는가?

(6) 실험과정 5.2.4의 출력 파형을 그리시오.

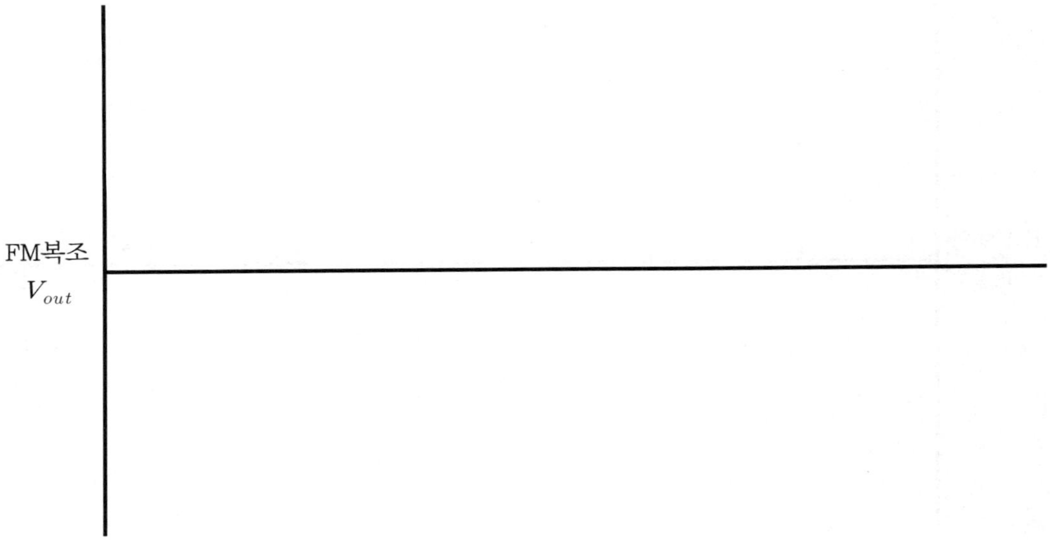

(7) G_m의 주파수와 이득을 변화시키면 어떤 값에 변화가 생기는가?

(8) 이번 실험을 통해 무엇을 알 수 있는지 자세히 기술하시오.

실험 7 주파수/전압 변환기

1. 실험 목적

본 실험을 통해
- 주파수 변화를 전압으로 변환시키는 주파수/전압 변환기의 구조 및 동작을 이해한다.

2. 기초이론

2.1 주파수/전압 변환기(frequency to voltage converter)

주파수/전압 변환기란 입력된 주파수에 비례한 DC 전압을 출력하는 회로를 일컫는다. 이러한 주파수/전압 변환기에는 입력 주파수에 비례하는 아날로그 전압을 출력하는 회로 또는 실제 입력 신호가 정현파, 구형파, 삼각파 등 다양한 파형으로 입력될 수 있는 집적회로 타입의 제품이 있으며, 모터의 속도 제어, 주파수 모니터, VCO의 안정화 등에 사용된다.

[그림 7-1]은 DC에서 10kHz까지 동작할 수 있는 주파수/전압 변환기로 입력 주파수 파형에 선형적으로 비례하는 전압을 출력한다. 비교기의 입력에서 주파수가 0이면 비교기 출력도 0이 되어 OP AMP의 가산접속 회로에 븐배되고, 이 양은 번갈아 OP AMP의 출력에서 전압 펄스를 내는 피드백 저항을 통해 흐른다. R_{INT}에 걸리는 커패시터 C_{INT}는 이 펄스의 평균을 내어 입력 주파수에 선형적으로 비례하는 DC 전압으로 바꾼다.

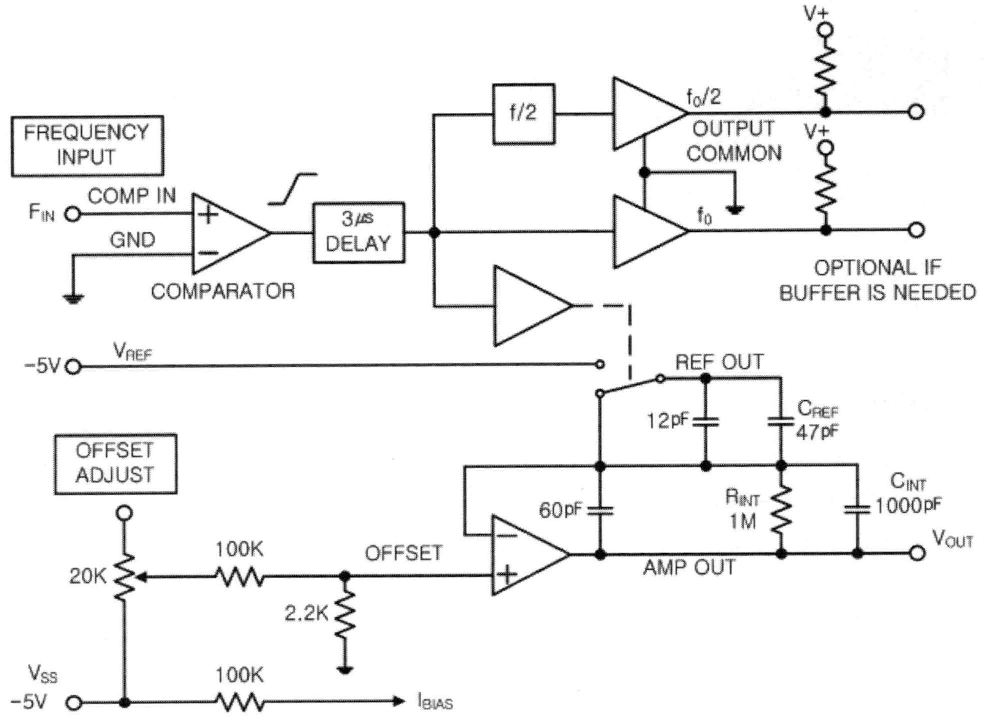

[그림 7-1] 주파수/전압 변환기

해당 회로에서 입력 주파수와 출력 전압과의 관계는 식 (7.1)과 같다.

$$V_{OUT} = [\,V_{REF} \cdot C_{REF} \cdot R_{INT}\,]F_{IN} \tag{7.1}$$

F_{IN}의 변화에 대한 응답속도는 R_{INT}와 C_{INT}에 의해 결정되며 V_{out}에 포함된 리플의 총합은 C_{INT}와 입력 주파수에 반비례한다. 또한 C_{INT}를 증가시킴으로써 리플을 줄일 수 있는데 낮은 주파수에 대해 C_{INT}의 적절한 값은 1μF~100μF이다. 이 회로를 단전원에서 동작시킬 V_{REF} 전압은 OP AMP의 OFFSET 입력 단자(+)와 스위치에 연결된 V_{REF} 단자의 전압 차에 의해 정해진다. 비교기에서 ±200mV보다 작은 입력 신호는 인식하지 못하므로 최소한 이 값보다 큰 입력을 가해야 한다. 또한, 입력 주파수를 최대 100kHz까지 사용하고자 한다면 R_{INT}을 100kΩ 보다 작은 값의 저항으로 교체하면 된다. 단극의 입력 신호를 사용할 경우 [그림 7-2]와 같이 OFFSET 회로에서 사용한 저항회로와 같은 구성을 적용하거나 결합 커패시터를 연결하여 사용할 수 있다.

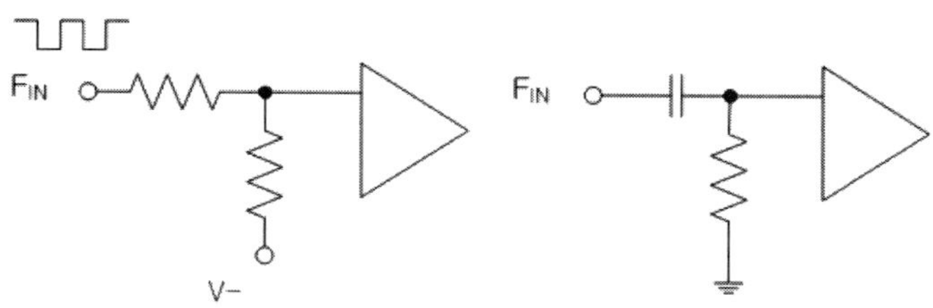

[그림 7-2] 단극 신호 입력 시의 회로 구성

f_o와 $f_o/2$는 주파수/전압 모드에서는 일반적으로 사용하지 않는다. 만약, 이 출력에 버퍼를 부가회로로 연결하여 응용하면 f_o는 입력 파형을 따를 것이다. 단, f_o는 F_{IN}에 대해 $3\mu s$ 지연되며, 회로에서 주파수 출력 f_o의 한주기는 $f_o/2$의 반주기가 될 것이다.

2.2 전압/주파수 변환기(voltage to frequency converter)

전압/주파수 변환기는 [그림 7-3]과 같이 적분회로로 구성되어 있다. 입력 전압 v_i이 반전 증폭을 하는 IC_1 및 C_1에 의해 적분된다. 즉, 해당 적분기는 반전된 전류를 입력에 피드백 시키므로 IC_1의 출력 전압 v_{o1}는 다음 식 (7.2)와 같이 나타난다.

$$v_{o1} = -\frac{1}{C_1}\int i_f dt = -\frac{1}{C_1}\int \frac{v_i}{R_1} dt = -\frac{1}{R_1 C_1}\int v_i dt \tag{7.2}$$

여기서 i_f는 피드백 전류이다.

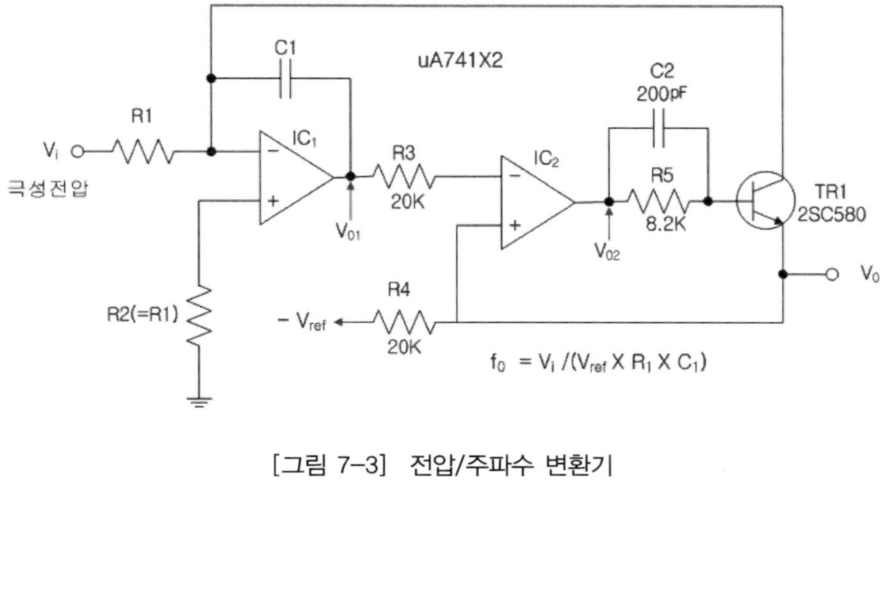

[그림 7-3] 전압/주파수 변환기

IC_1의 출력에 대한 과도응답을 라플라스 변환(laplace transform)을 이용하여 계산하면 아래 식 (7.3)과 같다.

$$v_{o1}(S) = -\frac{1}{sT}v_i \cdot \frac{1}{s} = -\frac{1}{s^2}\cdot\frac{1}{T}v_i \tag{7.3}$$

여기서, T는 R_1과 C_1의 곱이고, s는 미분 연산자($= d/dt$)이다. 해당 식 (7.3)에 라플라스 역변환을 하면 식 (7.4)와 같다.

$$v_{o1}(t) = -\frac{t}{T}v_i \tag{7.4}$$

식 (7.4)에 따르면 t가 0일 때 IC_1의 출력 전압 v_{o1}은 0이고, t가 T일 때 IC_1의 출력 전압 v_{o1}은 $-v_i$가 된다. 위 [그림 7-3]에서 R_2는 바이어스 전류를 보정하기 위한 저항으로 R_1과 근사한 값을 갖는다.

R_1과 C_1의 곱인 시정수가 결정되면 v_i가 적분된 결과인 v_{o1}의 파형은 [그림 7-4]와 같이 톱날파로 나타난다.

[그림 7-3]에서 비교기 IC_2는 적분기의 출력 전압 v_{o1}과 기준전압 V_{ref}를 비교한 후 v_{o1}이 기준전압 V_{ref} 이하일 경우에는 비교기 IC_2의 출력 전압이 양(+)이 되어 트랜지스터 TR_1을 on시키고, 따라서 C_2의 전하를 TR_1으로 방전시킨다. 반대로, v_{o1}이 V_{ref}가 되면 비교기 IC_2의 출력 전압 v_{o2}가 음(−)의 포화전압이 되어 TR_1은 off된다.

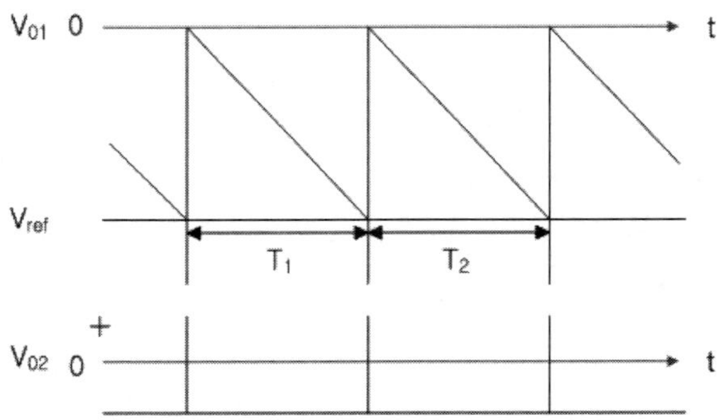

[그림 7-4] 전압/주파수 변환기 시정수

v_{o1}이 0V가 되기 시작할 때, 즉 R_1C_1의 시정수에 해당되는 시간동안 적분이 개시된다. 이 경우 IC_1은 R_1C_1의 시정수로 정상적인 적분기로 동작하고, TR_1의 포화전압

V_r이 대단히 작다고 볼 수 있기 때문에 IC_2의 "+"측 전압은 IC_1의 전압과 동일한 0V의 전위가 된다.

따라서, v_{o1}이 0V 이상의 전위이면 IC_2는 반전하고, TR_1은 off인 동작을 되풀이한다. 이상적인 전압/주파수 변환 동작을 위해서는 TR_1이 off되는 경우 콜렉터 누설전류가 작은 값을 가지고, 반드시 적분되어야 한다. 또한 TR_1의 저항 R_r이 R_1에 비해서 매우 작아야 한다.

해당 회로의 출력 주파수를 결정하기 위해 입력 전압 v_i가 적분되는 주기를 T_1, 리셋(Reset)에 필요한 시간을 T_2라 하면 T_1, T_2 그리고 발진주파수는 각각 다음 식 (7.5), (7.6) 및 (7.7)과 같이 나타낼 수 있다.

$$v_{o1} = -\frac{1}{R_1 C_1}\int_0^{T_1} v_i dt = V_{ref}$$

$$\therefore T_1 = (V_{ref}/v_i)R_1 C_1 \tag{7.5}$$

$$v_{o1} = -\frac{1}{(R_4 + R_r)C_1}\int_0^{T_2} V_{ref}\, dt = V_{ref}$$

$$\therefore T_2 = (V_{ref}/V_{ref})(R_4 + R_r)C_1 = (R_4 + R_r)C_1 \tag{7.6}$$

$$f_0 = \frac{1}{T_1 + T_2} \tag{7.7}$$

여기서 R_1은 TR_1이 on되었을 때의 저항 값이다. 그러나 실제 T_2는 T_1에 비해 대단히 적은 값이어야 한다. 그러므로 [그림 7-3]의 회로는 다음의 두 가지 조건을 만족해야 한다.

조건 I : $R_4 > R_r$

조건 II : $(R_4 + R_r)C_1 \ll R_1 C_1$

따라서 해당 회로의 입력 전압에 대한 출력 발진주파수가 시정수 $R_1 C_1$에 의해서 크게 좌우된다고 볼 수 있으므로, 발진주파수의 기준을 정하기 위해서는 R_1 또는 C_1을 정하거나 기준전압 V_{ref}를 조정해야 한다. 그러나 기준전압 V_{ref}를 너무 높게 설정하면 [그림 7-4]에서와 같이 적분된 출력 전압 v_{o1}의 최대값과 기준전압 V_{ref}가 교차하지 않게 되어 출력이 제대로 나타나지 않으므로, 기준전압 V_{ref}는 적분출력의 반 정도의 전압으로 설정하는 것이 바람직하다.

3. 실험 예비 보고

3.1 주파수/전압 변환기가 실생활에 사용되는 예를 조사하시오

3.2 8pin 및 14pin LM 2907 또는 LM 2917에 대하여 각각 조사하시오

4. 실험기자재 및 부품

4.1 사용기기

- 함수발생기
- 전원공급기
- 오실로스코프

4.2 사용부품

- 주파수/전압 변환기 모듈
  - 저항(1개) : 10kΩ
  - 가변저항(1개) : 100kΩ
  - 커패시터(2개) : 0.001μF, 0.1μF
  - IC(1개) : LM2907 또는 LM2917
    * LM2907: 8핀 주파수/전압 변환기(FVC)
    * LM2917: 14핀 주파수/전압 변환기

5. 실험방법 및 순서

5.1 [그림 7-5]의 회로를 확인한다.

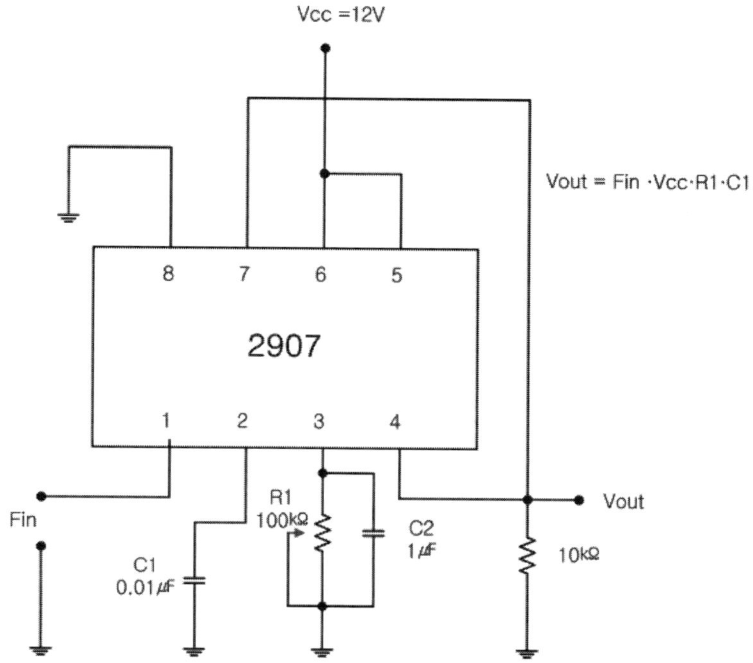

[그림 7-5] 주파수/전압 변환기 회로

5.2 [그림 7-6] 모듈의 BJ5 단자를 전원공급기 양의 단자에, BJ6 단자를 전원공급기 접지 단자에 각각 연결한 후 12V의 전원을 공급한다.

5.3 [그림 7-6] 모듈의 저항 R_1을 중간정도로 돌려 50kΩ으로 조정한다. 이때 **스위치 SW1이 개방**되어 있는지를 확인한다.

5.4 [그림 7-6] 모듈의 BJ1 단자를 함수발생기(F_{in}) 양의 단자에, BJ2 단자를 함수발생기(Fin)의 접지 단자에 각각 연결한다. 입력 F_{in}에 전압 $2V_{p-p}$의 사인파를 입력한다. 입력 F_{in}의 주파수를 0부터 100Hz 단위로 증가시키며 V_{out}을 관찰하여 실험 결과 보고서 1번의 [표 7-1]에 기록한다.

5.5 입력 F_{in}과 출력 V_{out}의 관계를 실험 결과 보고서 2번에 그래프로 나타내시오.

5.6 작성된 그래프의 기울기를 계산한다.

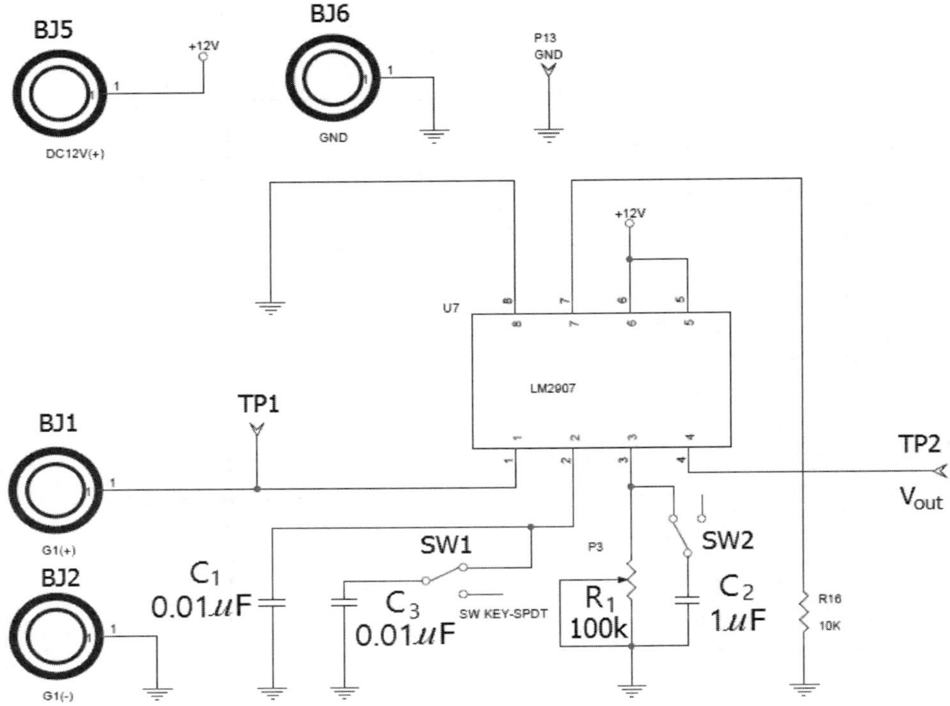

[그림 7-6] 주파수/전압 변환기 모듈 회로도

5.7 **스위치 SW1이 단락**(on)되게 하여 커패시터 C_1을 0.02μF로 증가시킨다. 입력 F_{in}의 주파수를 0부터 100Hz 단위로 증가시키며 V_{out}을 관찰하여 실험 결과 보고서 4번의 [표 7-2]에 기록한다.

5.8 LM2907은 주파수를 전압으로 변환하는데 충·방전 원리를 이용한다. 매 입력 사이클마다 커패시터 C_1은 정해진 전류원으로부터 충전된 후 방전된다. 충전 및 방전 전류는 3번 핀에 전달되고, 해당 전류는 저항 R_1에 전압을 형성한다. **스위치 SW2를 개방**되게 하여 C_2의 1μF 커패시터를 제거한다. 오실로스코프의 두 채널을 이용하여 F_{in}과 V_{out}의 파형을 관찰한다. 저항 R_1의 주파수와 입력 주파수 F_{in}을 비교하고, 그 결과를 실험 결과 보고서 5번에 기록한다.

5.9 입력 주파수를 증가시키면서 실험 결과 보고서 6번 항목들에 대해 확인하고, 그 결과를 기록한다.

5.10 저항 R_1을 천천히 증가 또는 감소시키며 출력 파형에 미치는 저항 R_1의 영향에 대해 관찰하고, 실험 결과 보고서 7번에 설명한다.

6. 주의사항 및 주요 관찰사항

6.1 주의사항

- 모듈의 구성소자, 부품 및 사용기기에 대한 지식을 정확히 습득한다.
- 회로 동작 관찰 시 여러 가지 외부적인 요인들로 인한 잡음이 있을 수 있음을 인식한다.

6.2 주요 관찰사항

- 저항, 커패시터 등의 소자 값의 변화와 입력 주파수 변화 시 출력 파형의 변화를 주의 깊게 관찰하고, 회로의 동작 원리를 정확하게 이해한다.

실험 결과 보고서

실험제목	실험 7. 주파수/전압 변환기							
학　과		학년		학번		조		성명	

(1) 실험과정 5.4에서 측정한 결과를 [표 7-1]에 기록하시오.

[표 7-1]

주파수(Hz)	출력 전압(V)
100	
200	
300	
400	
500	
600	
700	
800	
900	
1000	

(2) 위의 [표 7-1]을 참고하여 입력 주파수 F_{in}과 출력 전압 V_{out}의 관계를 그래프로 나타내시오.

(3) 2번의 그래프에 대한 기울기를 계산하시오.

(4) 실험과정 7.2에서 측정한 결과를 [표 7-2]에 기록하시오.

[표 7-2]

주파수(Hz)	출력 전압(V)
100	
200	
300	
400	
500	
600	
700	
800	
900	
1000	

(5) 실험과정 5.8에서 저항 R_1의 주파수와 입력 주파수 F_{in}의 비교 결과에 대해 설명하시오.

(6) 실험과정 5.9에서 측정된 결과를 바탕으로 다음 질문에 답하시오.

① 펄스의 폭이 변하는가?

② 펄스의 크기가 변하는가?

③ 단위시간당 펄스 수가 변하는가?

④ 단위시간당 평균 전압이 변하는가?

(7) 실험과정 5.10에서 저항 R_1을 천천히 증가 또는 감소시키며 관찰한 결과, 즉 저항 R_1이 출력 파형에 미치는 영향에 대해 간단히 설명하시오.

실험 8 펄스 진폭 변복조기(PAM)

1. 실험 목적

본 실험을 통해

- 펄스 진폭 변조(PAM) 및 복조 회로를 구성하여 아날로그 펄스의 변조 형태를 알아보고 변조파의 최대 진폭을 얻기 위한 변조기 바이어스 방법을 이해한다.
- 표본화 이론에서 나타나는 에일리어싱(aliasing) 현상을 이해한다.

2. 기초이론

2.1 펄스 변조

펄스 변조는 아날로그 신호를 전송하는데 사용되며, 연속적인 파형을 일정한 간격으로 표본화(sampling)하여 전송한다. 수신 측에서는 표본화된 신호로부터 원래의 메시지 신호를 재현시킬 수 있다. 이 방식은 AM이나 FM과 같은 연속적인 신호의 변조에 비해 수신된 신호의 왜곡 또는 찌그러짐이 적다는 장점을 지니고 있다.

[표 8-1]은 펄스 변조의 분류를 나타낸 것이다. 이러한 펄스 변조는 크게 연속 레벨 변조 또는 불연속 레벨 변조로 구분되며, 연속 레벨 변조 방식으로는 펄스 진폭 변조(PAM: Pulse Amplitude Modulation), 펄스 폭 변조(PWM: Pulse Width Modulation), 펄스 위상 변조(PPM: Pulse Phase Modulation) 및 펄스 주파수 변조(PFM: Pulse Frequency Modulation)가 있다. 한편, 불연속 레벨 변조 방식으로는 펄스 수 변조(PNM: Pulse Number Modulation), 펄스 부호 변조(PCM: Pulse Code Modulation) 및 델타 변조(ΔM: ΔModulation)가 있다.

[표 8-1] 펄스 변조의 분류

<table>
<tr><td rowspan="7">펄스 변조</td><td rowspan="4">연속 레벨 변조</td><td>펄스 진폭 변조(PAM: Pulse Amplitude Modulation)</td></tr>
<tr><td>펄스 폭 변조(PWM: Pulse Width Mouleation)</td></tr>
<tr><td>펄스 위상 변조(PPM: Pulse Phase Modulation)</td></tr>
<tr><td>펄스 주파수 변조(PFM: Pulse Frequency Modulaion)</td></tr>
<tr><td rowspan="3">불연속 레벨 변조</td><td>펄스 수 변조(PNM: Pulse Number Modulation)</td></tr>
<tr><td>펄스 부호 변조(PCM: Pulse Code Modulation)</td></tr>
<tr><td>델타 변조(△M: △Mouulation)</td></tr>
</table>

[그림 8-1]은 PAM, PWM 및 PPM에 대한 변조 신호를 각각 나타낸 것이다.

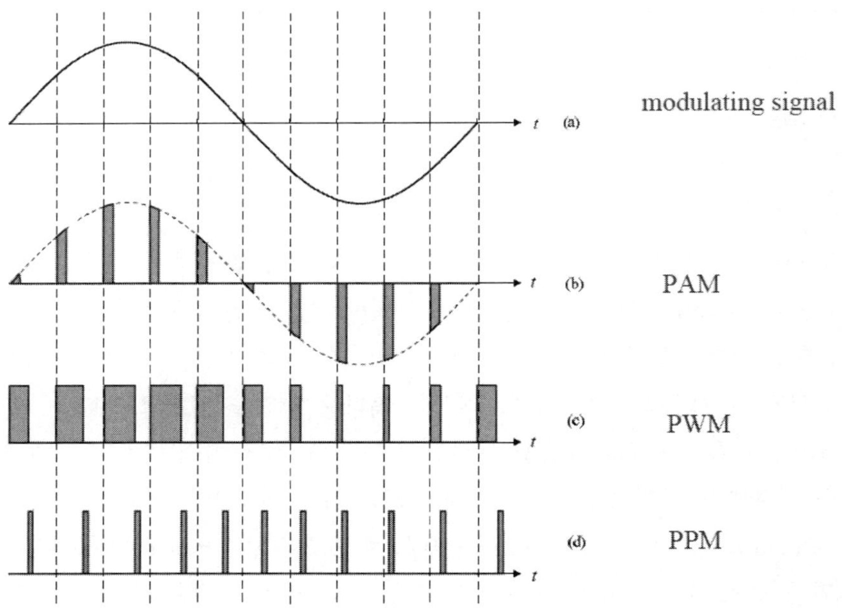

[그림 8-1] 펄스 변조 신호

2.2 펄스 진폭 변조

펄스 진폭 변조는 표본 값에 따라 펄스열의 진폭을 결정하는 변조 방식을 말한다. [그림 8-1(b)]와 같이 신호를 표본화한 값을 신호의 크기에 비례하는 펄스로 바꾸어서 전송한다. 펄스 진폭 변조 신호는 펄스폭이 좁기 때문에 원래의 아날로그 신호보다 대역폭이 크다. 채널의 대역폭이 넓어야 왜곡이 발생하지 않는다. 펄스 진폭 변조의 잡음에 대한 성능은 아날로그 신호를 전송하는 것보다 좋아질 수 없다. 이러한 변조 방식 자체는 신호 전송에 잘 사용되지 않고, PCM을 위한 중간 단계로 활용된다.

일반적인 경우 [그림 8-2(a)]와 같이 대역이 BHz로 제한된 저역통과신호 $x(t)$를 주기적인 구형파 $p_{T_s}(t)$로 표본화한 경우를 생각해 보자. 표본화 간격이 $T_s = (2B)^{-1}$초이면 표본화된 신호 $x_{ns}(t)$는 식 (8.1)과 같이 신호 $x(t)$와 구형파 $p_{T_s}(t)$의 곱으로 표현된다.

$$x_{ns}(t) = x(t)p_{T_s}(t) \tag{8.1}$$

표본화된 신호의 스펙트럼밀도는 식 (8.2), (8.3) 및 (8.4)와 같이 식 (8.1)을 푸리에 변환함으로써 얻을 수 있다.

$$X_{ns}(f) = X(f)*P_{T_s}(f) \tag{8.2}$$

$$= X(f)*\frac{\tau}{T_s}\sum_{n=-\infty}^{\infty}\mathrm{sinc}\left(\frac{n\tau}{T_s}\right).\delta\left(f-\frac{n\tau}{T_s}\right) \tag{8.3}$$

$$= \frac{\tau}{T_s}\sum_{n=-\infty}^{\infty}\mathrm{sinc}\left(\frac{n\tau}{T_s}\right).X\left(f-\frac{n\tau}{T_s}\right) \tag{8.4}$$

표본화된 신호의 스펙트럼은 [그림 8-2(f)]처럼 $1/T_s = 2B\sec^{-1}$의 주기로 반복되며, 이때 크기는 $\mathrm{sinc}(n\tau/T_s)$의 값에 따라 변한다. 이러한 과정을 자연 표본화(natural sampling)라 한다.

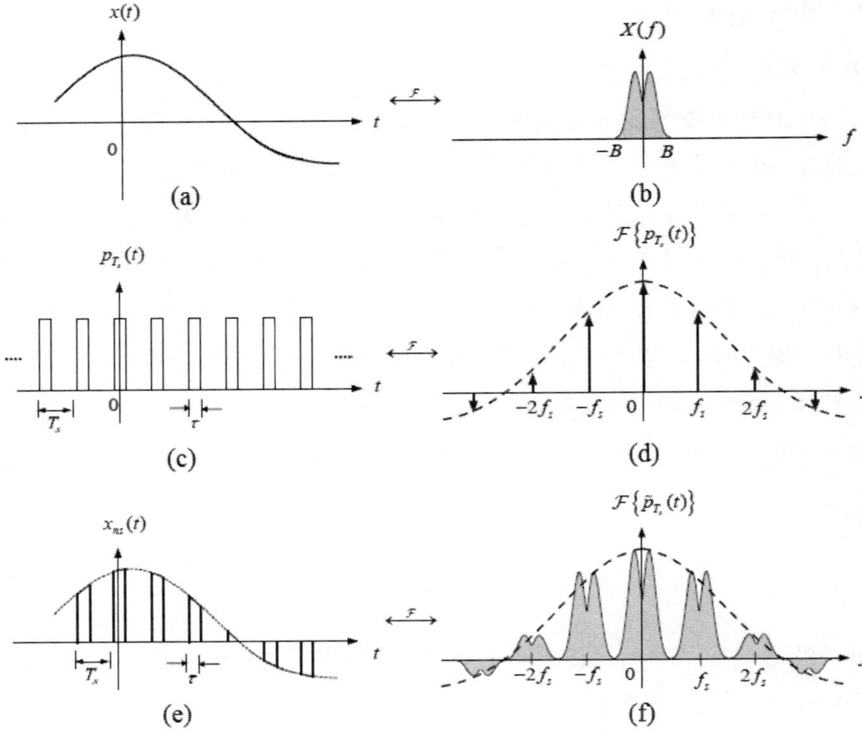

[그림 8-2] 자연 표본화

그러나 표본화에 이용된 신호 $p_{T_s}(t)$가 구형파일 필요는 없다. 왜냐하면, 펄스파형이 변하더라도 표본화된 신호의 스펙트럼 $X_{ns}(f)$는 포락선만 변하므로 원래의 스펙트럼 $X(f)$를 정확하게 재생시킬 수 있다. 따라서 원래의 신호 $x(t)$는 표본화된 신호 $x_{ns}(t)$에서 저역통과필터를 사용하여 복조할 수 있다.

구형파 $p_{T_s}(t)$의 펄스폭 τ가 매우 작아져서 [그림 8-3(a)]처럼 단위충격파열(unit impulse train)인 경우를 생각해 보자.

이때

$$p_{T_s}(t) = \sum_{n=-\infty}^{\infty} \delta(t - nT_s) \tag{8.5}$$

이므로 표본화된 신호 $x_{ns}(t)$는 식 (8.6)과 같이 표현된다.

$$x_{ns}(t) = \sum_{n=-\infty}^{\infty} x(nT_s)\delta(t - nT_s) \tag{8.6}$$

여기서 $x(nT_s)$는 신호 $x(t)$를 순간표본화(instantaneous sampling)한 것이다.

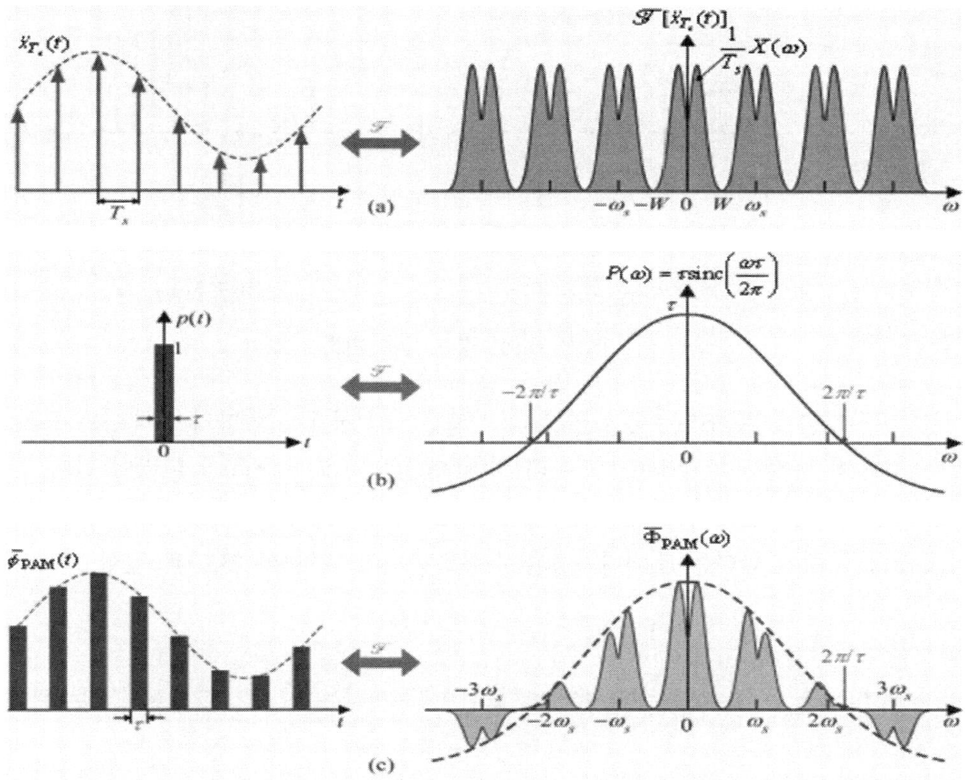

[그림 8-3] PAM 신호의 스펙트럼

2.3 표본화 정리

2.3.1 표본화

아날로그 신호의 표본화란 음성 또는 영상과 같은 연속적인 아날로그 신호를 불연속적인 디지털 신호로 바꾸는 과정으로 원래의 신호를 시간 축 상에서 일정한 주기로 추출하는 것을 말한다. 이러한 과정에서는 아날로그 신호의 파형을 모두 전송하지 않고 본래의 특성을 잃지 않은 범위에서 필요한 정보만 추출하여 전송하는 것이 효율적이다. 표본화에서 추출된 신호의 진폭을 표본 값이라 하며, 이 표본 값이 추출되는 일정한 간격을 프레임(frame) 또는 표본 간격이라 한다. [그림 8-4]는 표본화된 신호 즉, PAM 신호의 예이다.

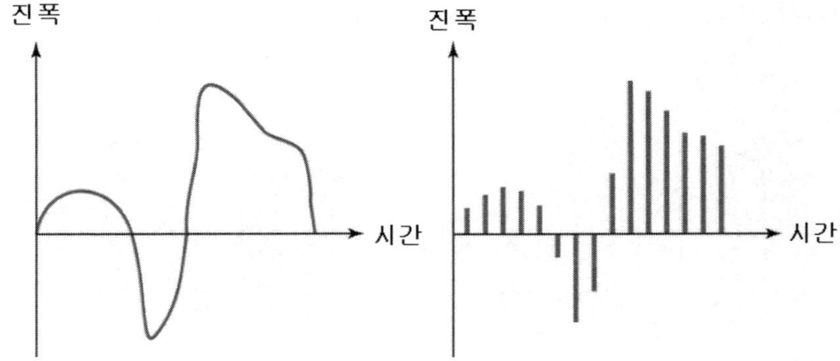

(a) 아날로그 신호 (b) PAM 신호

[그림 8-4] 펄스 진폭 변조 신호

신호를 표본화하는 경우 원래의 신호를 충실하게 재현하기 위해서는 표본 간격 즉, 표본화 주기가 Nyquist의 표본화 정리(sampling theorem)에 따라야 한다. Nyquist의 표본화 정리는 표본화 시 신호에 포함된 최고 주파수의 2배 이상의 주파수로 신호를 표본화해야 한다는 것이다. 이를 수식으로 나타내면 식 (8.7)과 같다.

$$f_0 \geq 2f_m \tag{8.7}$$

여기서 f_0는 표본화 주파수이며, 표본화 주기와는 식 (8.8)과 같이 역수관계이다.

$$f_0 = \frac{1}{T} \tag{8.8}$$

다시 말해서 표본화란 신호의 주기보다 1/2 이하로 짧은 주기를 가지는 펄스파를 사용하여 원래 신호의 진폭에 따라 펄스파의 진폭이 변화는 새로운 펄스 열을 만드는 변조 과정이라 할 수 있다.

음성 신호의 경우 유효 음성 주파수 대역인 300~3,400Hz의 2배인 6,800Hz(1초당 6,800번 추출)로 표본화하면 원래의 신호를 문제없이 재생할 수 있다. 그러나 실제로 많은 채널을 구성할 경우 여과기의 특성이 이상적이지 못하므로 다소 여유를 두어 2배가 넘은 8,000Hz(1초당 8,000번 추출)로 표본화하고 있다.

3. 실험 예비 보고

3.1 PAM 변조가 사용되는 실생활의 예를 조사하시오.

3.2 PAM 이외의 펄스 변조 방법에는 어떤 것들이 있는지 조사하시오.

3.3 Nyquist 이론에 관하여 간략히 설명하시오.

3.4 에일리어싱에 대해 설명하시오.

4. 실험기자재 및 부품

4.1 사용기기

- 함수발생기
- 전원공급기
- 오실로스코프
- 디지털 멀티미터

4.2 사용부품

- PAM 및 복조 모듈
  - 저항(10개) : 100Ω(2개), 1kΩ(2개), 10kΩ(3개), 100kΩ, 470kΩ(2개)
  - 가변저항(1개) : 1MΩ
  - 커패시터(6개) : 0.01μF(2개), 0.02μF, 0.1μF, 4.7μF(2개)
  - IC : 1N4001 다이오드, LM555 타이머, LM3080, LM741 OP AMP(2개)

    * LM555 타이머: [그림 8-5]에 보인 것처럼 결선하여 발진기로 사용할 수 있는 리니어 IC로서 가장 널리 사용되는 IC 중 하나. 회로의 출력파형은 펄스이며, 발진주파수는 식 (8.9)와 같다.

$$f = \frac{1.44}{(R_A + 2R_B)C_1} Hz \tag{8.9}$$

    * LM3080: 트랜스컨덕턴스 연산 증폭기(OTA: Operational Transconductance Amplifier)

5. 실험방법 및 순서

5.1 PAM 변조

5.1.1 [그림 8-5]의 PAM 회로를 확인한다.

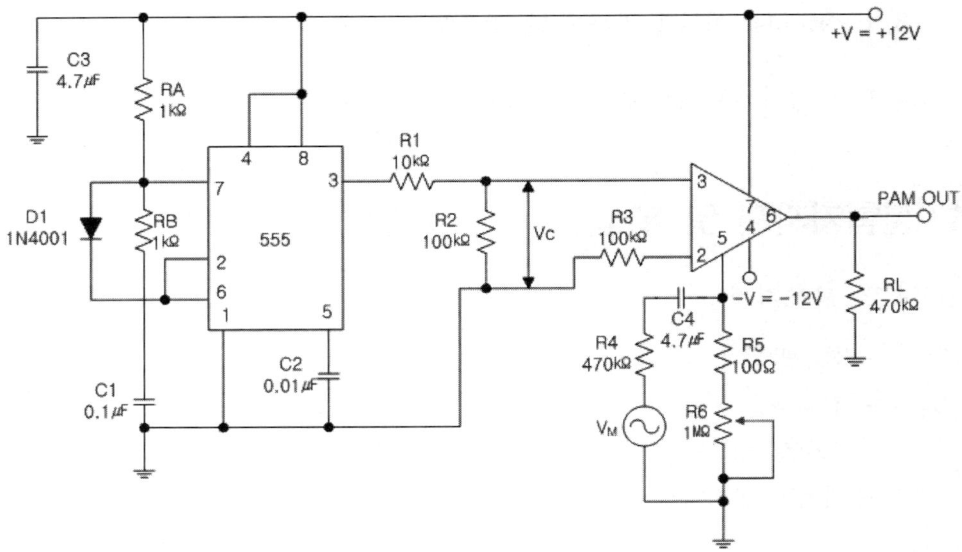

[그림 8-4] PAM 회로

5.1.2 [그림 8-7] 모듈에서 가변저항기 R_6을 1MΩ으로 조정하고, BJ5 단자를 전원공급기 양의 단자에, BJ6 단자를 전원공급기 접지 단자에, BJ7 단자를 전원공급기 음의 단자에 각각 연결한 후 12V의 전원을 공급한다. 이때 변조신호 V_m은 인가하지 않고, 변조부와 복조부를 분리하기 위해 스위치 SW1이 개방(off)되어 있는지를 확인한다.

5.1.3 R_2단의 펄스열의 주파수, 진폭, 듀티 사이클을 오실로스코프를 이용하여 측정(TP1, TP2)하고, 실험 결과 보고서의 [표 8-2]에 기록한다.

5.1.4 오실로스코프를 이용하여 R_L 단의 출력 전압을 측정(TP3, PAM out1)한다. 출력 전압을 관찰하면서 출력의 진폭이 증가하지 않을 때까지 R_L의

최대전압을 측정하여 실험 결과 보고서의 [표 8-2]에 기록한다.

5.1.5 출력 전압이 포화전압의 절반이 될 때까지 R_6을 증가시킨다. BJ1 단자를 함수발생기(V_m) 양의 단자에, BJ2 단자를 함수발생기(V_m)의 접지 단자에 각각 연결하고, 주파수 100Hz, 전압 $1\,V_{p-p}$의 변조신호를 인가한다.

5.1.6 변조신호가 펄스열의 출력에 미치는 영향을 관찰한다.

5.1.7 오실로스코프의 채널 1에 변조전압 V_m을, 채널 2에 PAM을 연결하고, 실험 결과 보고서 3번의 항목들을 측정하고 기록한다.

5.1.8 변조신호의 주파수를 100Hz부터 펄스열 주파수의 절반까지 증가시키면서 관찰한 결과를 설명하시오.

5.2 PAM 복조

5.2.1 [그림 8-6]의 PAM 복조 회로를 확인한다.

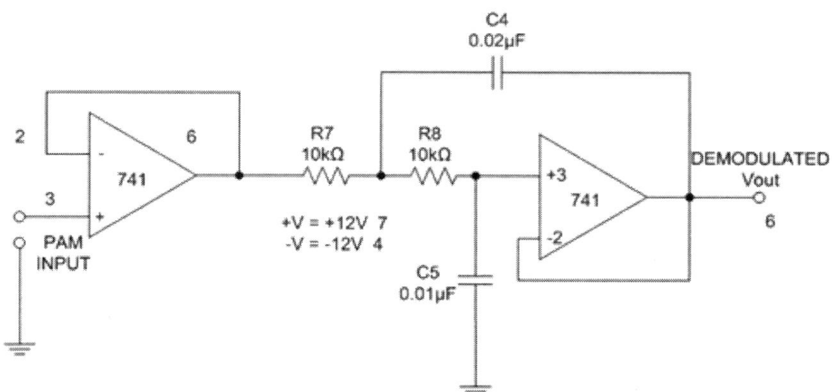

[그림 8-6] PAM 복조 회로

5.2.2 변조부와 복조부를 연결하기 위해 **스위치 SW1을 단락**(on)하고, [그림

8-6]의 회로에 PAM 신호(PAM out1)를 인가한다. PAM 회로에서 출력 전압(PAM out1)이 100Hz 주파수 및 100%의 변조도를 갖도록 조절한다.

5.2.3 변조신호와 복조된 출력 파형을 실험 결과 보고서 5번에 그리시오.

5.2.4 변조도가 100% 이상이 되도록 변조신호 V_m의 진폭을 증가시키고, 복조된 출력 파형을 실험 결과 보고서 6번에 그리시오.

5.2.5 변조신호 V_m을 잠시 제거(BJ1, BJ2 제거)시키고, 실험 결과 보고서 7번의 항목들을 측정하고 기록한다.

5.2.6 100Hz 변조신호 V_m을 다시 연결하고, 변조신호의 주파수를 증가시키며 복조출력(PAM out2)을 관찰한다. 변조 주파수를 증가시킴에 따라 주기당 샘플 수는 증가하는가? 혹은 감소하는가? 또한 복조출력의 왜곡은 증가하는가? 혹은 감소하는가?

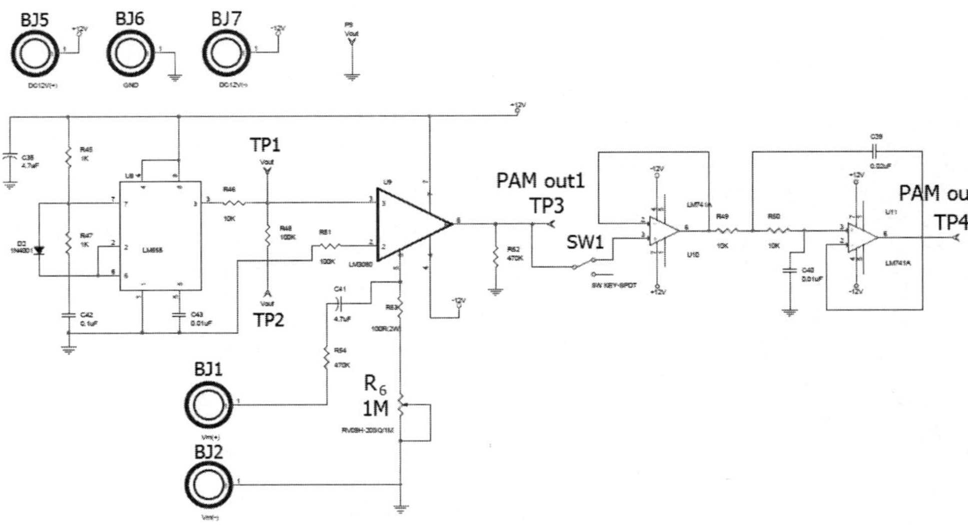

[그림 8-7] PAM 및 복조 모듈 회로도

6. 주의사항 및 주요 관찰사항

6.1 주의사항

- 입력 신호는 출력 펄스의 진폭을 포화 또는 차단시키지 않으므로 이러한 현상이 일어나면 V_m을 감소시켜야 한다.
- 변조 회로를 복조 회로에 연결하여 복조파형을 얻으므로 변조 회로 실험이 끝난 후 변조 회로를 해체하지 않는다.
- $f_{cut-off}$는 100Hz에서의 진폭보다 0.707배 작은 진폭을 갖은 주파수를 말한다.

6.2 주요 관찰사항

- LM555 타이머 칩으로 펄스를 형성하고, 이 펄스를 활용하여 메시지 신호를 변조시키는 것이 PAM 변조임을 이해한다.
- 실제로 오실로스코프를 이용해 PAM 변조 파형을 확인하고, PAM 복조 회로에서 커패시터를 이용한 충전 원리로 원래의 메시지 신호를 얻을 수 있음을 이해한다.
- PAM이 PCM 과정 중 하나인 표본화 과정임을 이해하고, 에일리어싱에 대해 이해한다.

실험 결과 보고서

실험제목	실험 8. 펄스 진폭 변조(PAM) 및 복조								
학 과		학년		학번		조		성명	

(1) R_2단의 펄스열의 주파수, 진폭, 듀티 사이클 및 R_L단의 최대전압을 [표 8-2]에 기록하시오.

[표 8-2]

주파수	
진폭	
듀티 사이클	
R_L의 최대 전압	

(2) 실험과정 5.1.6에서 변조신호가 펄스열의 출력에 미치는 영향을 관찰하여 개략적으로 그리시오.

(3) 채널 2로 측정한 PAM에 대해

① V_m 이 + 최대치일 때의 출력 펄스 진폭은?

② V_m 이 – 최대치일 때의 출력 펄스 진폭은?

③ V_m 이 0일 때의 출력 펄스 진폭은?

(4) 변조신호의 주파수를 100Hz로부터 펄스열 주파수의 절반의 주파수까지 증가시키면서 관찰한 결과를 설명하시오.

(5) 실험과정 5.2.3의 변조신호와 복조된 출력 파형을 기록하시오.

변조신호
V_{m-out}

복조신호
출력

(6) 변조도가 100% 이상이 되도록 V_m의 진폭을 증가시키고 복조된 출력파형을 그리시오.

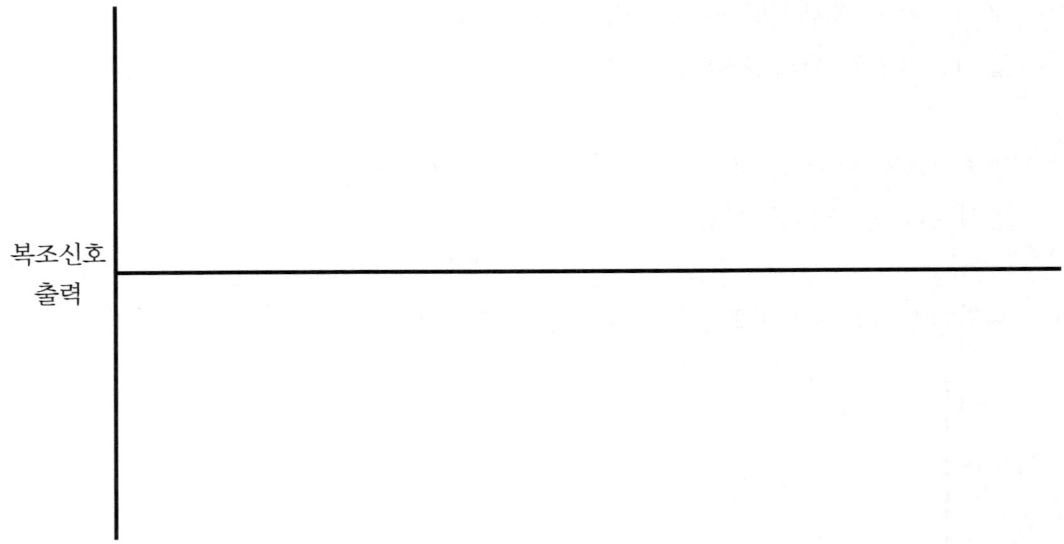

(7) 변조신호 V_m을 잠시 제거시키고 복조된 출력을 측정하시오.

① 평균 DC 레벨은?

② 리플의 크기는?

③ 리플의 주파수는?

(8) 변조주파수를 증가시킴에 따라 주기 당 샘플 수는 증가하는가? 혹은 감소하는가? 또한 복조출력의 왜곡은 증가하는가? 혹은 감소하는가?

(9) 이번 실험을 통해 무엇을 알 수 있는지 자세히 기술하시오.

실험 9 펄스 부호 변조(PCM: Pulse Code Modulation) 및 복조

1. 실험 목적

본 실험을 통해
- 펄스 코드 변조(PCM) 및 복조 회로를 구성하여 코드화된 펄스 변조 형태를 알아보고 변조 방법을 이해한다.
- 양자화 오차(Quantization error)가 발생하는 이유를 이해한다.

2. 기초이론

2.1 펄스 부호 변조(PCM: Pulse Code Modulation)

PCM은 아날로그 신호를 디지털 신호로 변조하여 전송하는 방식으로, 지금까지 레이더와 함께 가장 발전된 형태의 다중 통신 수단의 하나이다. PCM을 방송이나 녹음에 응용하면 잡음에 강한 고품질의 정보 전송이 가능하다. PCM은 디지털 전화 시스템에 사용되며, ITU-R BT.601의 디지털 비디오 시스템의 표준으로 사용된다.

2.2 PCM 전송 과정

PCM은 [그림 9-1]과 같이 송신기에서 아날로그 신호인 음성 정보를 일정한 시간 간격(sampling interval), 즉 샘플로 나누어 각 샘플마다 진폭의 값을 부여하는 표본화 과정인 PAM(Pulse Amplitude Modulation)을 이용한다.

즉 PAM에 의한 표본화, 표본화에 의해 얻어진 진폭 값을 평준화하는 양자화(quantization), 그리고 양자화에 의해 얻어진 진폭 값에 따라 이진 값을 할당하는 부호화(encoding)하여 변조된 디지털 신호, 즉 PCM 신호를 전송로를 통해 수신기로 전송한다. 수신기에서는 수신된 PCM 신호를 재생 중계 및 복호기를 통해 다시 아날로그 신호로 복조하여 PCM 전송을 완료한다.

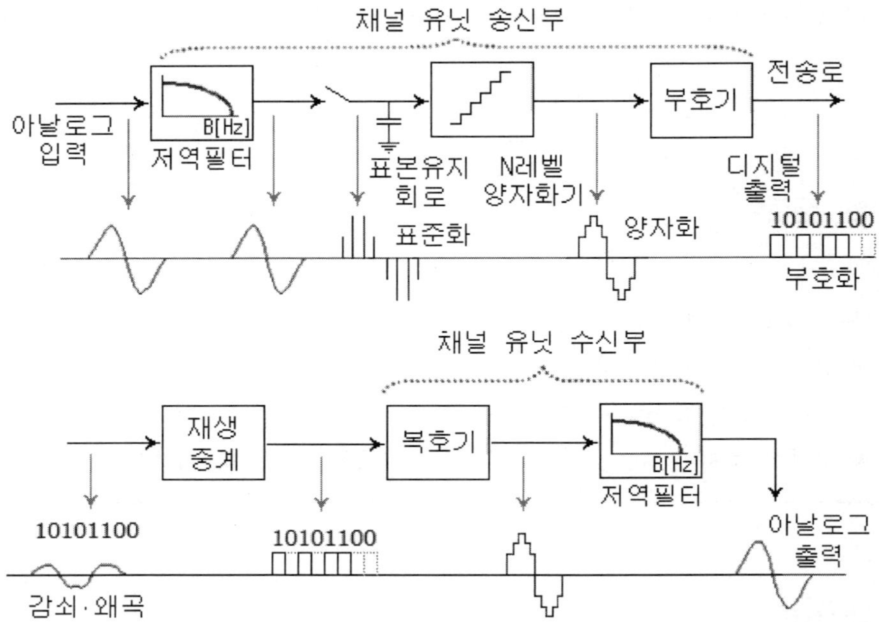

[그림 9-1] PCM 전송 과정

[그림 9-2]는 PCM 전송 과정 중 송신기에 입력되는 아날로그 신호, 표본화된 신호, 양자화된 신호 및 부호화된 신호를 나타낸 것이다.

2.2.1 표본화

신호를 표본화하는 경우 원래의 신호를 충실하게 재현하기 위해서는 신호에 포함된 최고 주파수의 2배 이상의 주파수로 신호를 표본화해야 한다는 Nyquist-Shannon 표본화 정리를 따른다.
이때, 스펙트럼 중첩을 피하기 위하여 신호파 입력 시에 저역통과필터(LPF: low pass filter)를 사용하여 설정한 신호 주파수 f_m 이상의 고주파 성분은 포함시키지 않는 방법도 있다.

[그림 9-3]과 같이 신호파의 푸리에 변환을 생각해보면 이를 쉽게 이해할 수 있다.

신호파를 표본화하면 표본화 주파수의 정수배에서 원신호의 스펙트럼 형태가 반복되어 나타난다. 이때, 표본화 주파수 f_0 가 $2f_m$ 보다 작아지는 경우에는 신호파의 스펙트럼이 중첩된다.

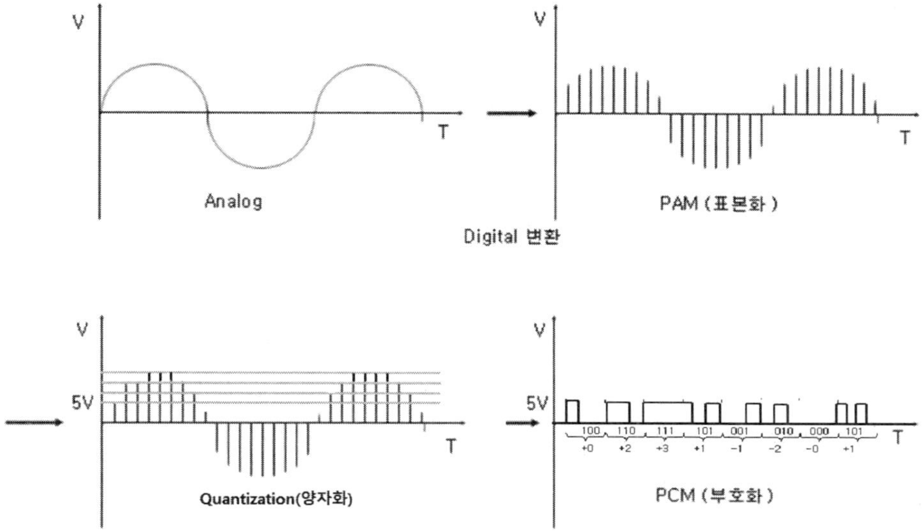

[그림 9-2] 표본화, 양자화 및 부호화에 따른 신호 파형

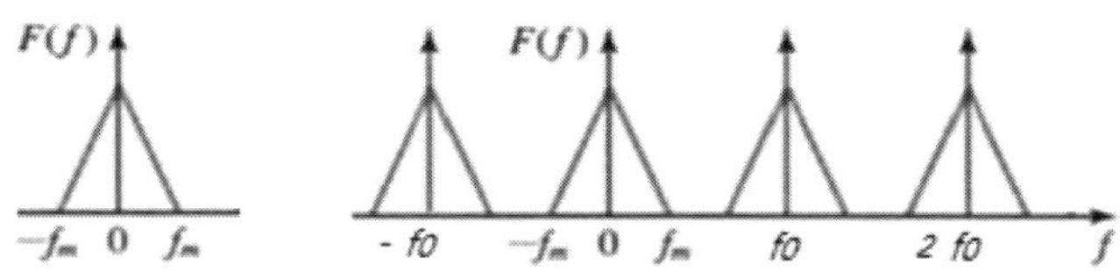

[그림 9-3] 표본화 주파수의 선정

2.2.2 양자화

표본화에 의해 얻은 PAM 신호를 디지털화하기 위해 진폭에 대한 축으로 이산 값을 갖도록 하는 것을 양자화라 한다. PAM 신호를 양자화하기 위한 진폭의 간격을 양자화 폭이라 하며, 양자화 폭의 수는 이진 부호의 비트 수에 의해 결정된다. 비트 수를 많게 하면 원래의 연속적인 신호에 더욱 가깝게 표현할 수 있는 대신에 동일한 시간에 많은 양의 비트를 보내야 하므로 고속 데이터 전송이 필요하게 된다.

따라서 품질과 경제성을 고려하여 비트 수를 결정해야 하는데, 현재 일반적으로 사용되는 일반 전화 음성의 경우 표본 당 8비트, 즉 진폭의 최대값과 최소값 사이에 256 (2^8)개의 양자화 간격으로 부호화하고 있다.

양자화 시 연속되는 양을 이산 값으로 근사화시킬 때 발생하는 오차를 양자화 오차 또는 양자화 잡음이라 하는데 디지털화에 따르는 품질 저하의 요인이 되므로 이를 최소화시켜야 한다. 따라서 이러한 양자화 잡음을 줄이기 위해 양자화 폭을 일정하게 고정하는 선형 양자화(linear quantization) 대신에 신호의 진폭 변화에 따라 양자화 폭을 다르게 적용하는 방법으로 신호 대 잡음비(SNR: Signal-to-Noise Ratio)를 개선하는 비선형 양자화(non-linear quantization) 방법을 사용하기도 한다.

2.2.3 부호화

양자화된 신호들은 전송 시 잡음에 매우 민감하므로 전송 및 처리에 적합하도록 부호화되어야 한다. 부호화에 있어서 대부분 이진 펄스의 형태가 전송 및 재생에 용이하므로 대부분의 경우 이진법에 의해 행해진다. 한 개의 비트로는 '0'과 '1'의 두 개의 상태를 표현할 수 있으며, 두 개의 2진수로는 00, 01, 10, 11의 4가지 상태를 표현할 수 있다. 같은 방법으로 3비트가 차례로 전송된다면 000, 001, 010, 011, 100, 101, 110, 111의 8가지 정보를 표현할 수 있다.

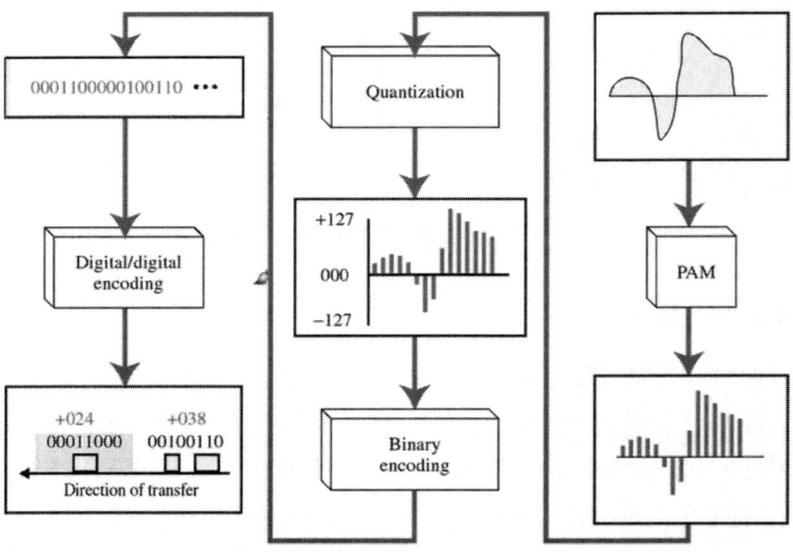

[그림 9-4] PCM 전송 과정 요약

즉, N개의 비트를 사용하면 2^N개의 독립적인 상태를 표시할 수 있다는 것을 의미한다. 이때 사용되는 N개 비트의 세트를 PCM 워드(PCM word)라 하며 일반적으로 음성 신호는 256개의 레벨로 양자화되기 때문에 각 표본은 8비트로 부호화가 가능하므로 일반적으로 8비트가 한 개의 PCM 워드가 된다. 따라서 아날로그 음성 신호를 디지털 PCM 신호로 바꾸는 작업은 초당 8,000개의 표본을 8비트로 부호화하므로 초당 64,000개의 비트를 필요로 한다. 이는 64kbps의 디지털 신호에 해당된다.

2.2.4 PCM의 장단점

PCM은 다음과 같은 장점을 지닌다.

- 잡음과 간섭에 강함
- 고집적화(LSI: Large Scale Integration)에 적합하고 분기와 삽입이 용이함
- 정비 주기가 길고 가공 처리가 쉬움
- 디지털 스크램블링(scrambling) 기술을 이용함으로써 보안성을 확보
- 타 디지털 데이터와 합치는 것이 가능

한편, PCM의 단점은 다음과 같다.

- 채널 당 소요되는 대역폭이 증가함
- PCM 고유의 잡음인 양자화 잡음이 발생함
- 동기가 유지되어야 함
- 지리적으로 분산된 신호의 다중화에 어려움이 존재함
- A/D, D/A 변환 과정이 증가됨
- 기존 아날로그 네트워크와의 정합에 소요되는 비용 부담이 큼

3. 실험 예비 보고

3.1 PCM(Pulse Code Modulation) 변조가 사용되는 실생활의 예를 조사하시오.

3.2 PCM 이외의 펄스 변조 방법에는 어떤 것들이 있는지 조사하시오.

3.3 양자화 오차(Quantization error)에 대해 설명하시오.

4. 실험 기자재 및 부품

4.1 사용기기

- 함수발생기
- 전원공급기
- 오실로스코프
- 디지털 멀티미터

4.2 사용 부품

- PCM 및 복조 모듈

5. 실험 방법 및 순서

5.1 PCM 변조

5.1.1 [그림 9-5]의 PCM 변조 회로를 확인한다.

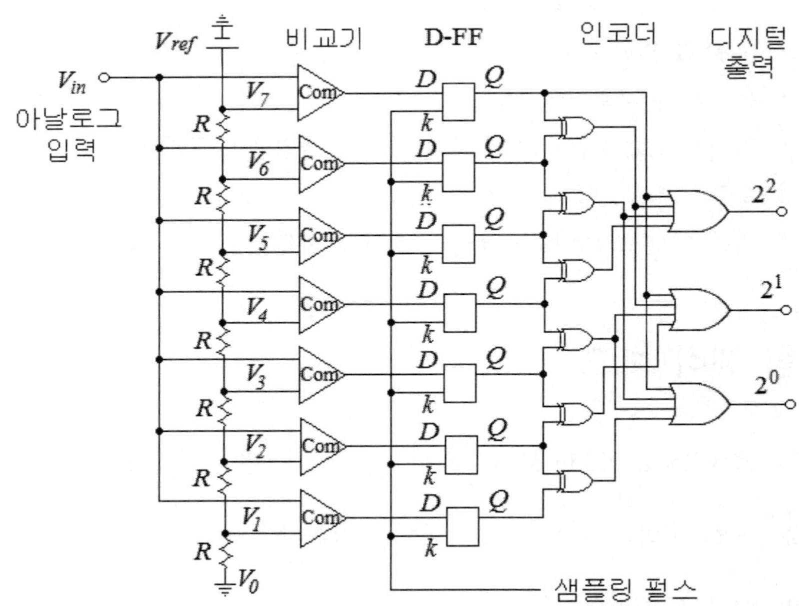

[그림 9-5] 병렬 비교형 A/D변환기(3비트 양자화)

5.1.2 여러 가지 종류의 PCM 파형(line code)을 생성하고, 그 파형의 스펙트럼 모양을 관찰한다.

5.1.3 통신채널을 band-limited filter와 additive noise로 모델링하여 채널의 영향을 관찰한다.

5.1.4 다음 6개의 matlab 파일을 활용한다.

- RANDOM_SEQ.m
- LINECODE_GEN.m
- WAVEFORM.m
- PSD.m
- CHANNEL_FILTER.m
- EYE_PATTERN.m

① RANDOM_SEQ.m 작성

랜덤한 이산 이진 비트열을 생성한다.

```
function [out, seed] = random_seq(N,seed)

% This function generates a sequence of random binary digits.
%
% random_seq(N) Generates N random binary digits.
% The output sequence is either "0" or "1" with equal probability.
% random_seq(N,seed) starts generating bit sequence using the value of seed.

if (nargin == 2)
    rand('seed',seed)
end
x = rand(1,N);
out    = ones(size(x));
index = (x<0.5);

out(index) = zeros( length( x(index) ), 1 );
if (nargout == 2)
    seed = rand('seed');
end
```

② LINECODE_GEN.m 작성

X=linecode_gen(b, code_name, Rb, fs);

[X, time]=linecode_gen(b, code_name, Rb, fs);

[X, time, pulse_shape]=linecode_gen(b, code_name, Rb, fs);

B= input bits

Code name = 'unipolar_nrz', 'unipolar_rz', 'polar_nrz', 'polar_rz', 'bipolar_nrz', 'bipolar_rz', 'manchester', 'triangle'

Rb = 데이터율[bps]

Fs = sampling frequency, default=10[KHz]

```
function [out_waveform, t, pulse] = linecode_gen(bit_sequence, code_name, data_rate,
samp_freq)

% ----------------------------------------------------------------
% This function genetares a waveform coded in binary signalling format.
%
%  Input parameters
%  bit_sequence : binary input sequence
%  code_name: type of line code
%  'unipolar_nrz'     'unipolar_rz'     'polar_nrz'   'polar_rz'
%  'bipolar_nrz'     'bipolar_rz'    'manchester'     'triangle'
%  data_rate : binary data rate [bps]
% samp_freq: sampling frequency, if not specified default value is 10 KHz
%
% Output
% out_waveform: line code waveform
% t: time vector to plot the waveform
% pulse: basic pulse shape
% ----------------------------------------------------------------

bit_sequence;
%-------------------------
%Set up parameters
%-------------------------
SAMPLING_FREQ = 10000; % Default value 10 KHz
bit_sequence=bit_sequence(:); % To make a column vector
Rb = data_rate;
if (nargin == 3), % Default sampling frequency
    fs = SAMPLING_FREQ; % Default sampling frequency
```

```
end
if (nargin == 4), % User specified sampling frequency
    fs = samp_freq;
end
Ts = 1/fs;        % Sampling period
Tb = 1/Rb;        % Binary data period
no_binary = length(bit_sequence);    % Number of bits
no_sample = no_binary * Tb/Ts;      % Number of samples
%time = [0:(no_sample-1)] * Ts;         % Time vector
time = [1:(no_sample)] * Ts;         % Time vector
if  strcmp(code_name, 'unipolar_nrz')
    basic_pulse = ones(1,fs/Rb);
    b_seq = bit_sequence;
elseif strcmp(code_name, 'unipolar_rz')
    n_sample = fs/Rb;
    n_middle = n_sample/2;
    basic_pulse = ones(1,n_sample);
    basic_pulse((n_middle + 1):(n_sample)) = zeros(1,(n_sample-n_middle));
 b_seq = bit_sequence;
elseif strcmp(code_name, 'polar_nrz')
    basic_pulse = ones(1,fs/Rb);
    b_seq = 2*bit_sequence- ones(size(bit_sequence)); % Binary to polar conversion
elseif strcmp(code_name, 'polar_rz')
    n_sample = fs/Rb;
    n_middle = n_sample/2;
    basic_pulse = ones(1,n_sample);
    basic_pulse((n_middle + 1):(n_sample)) = zeros(1,(n_sample-n_middle));
    b_seq = 2*bit_sequence- ones(size(bit_sequence)); % Binary to polar conversion
elseif strcmp(code_name, 'bipolar_nrz')
    basic_pulse = ones(1,fs/Rb);
    no_binary = length(bit_sequence);
    for k = 1:no_binary    % Binary to bipolar conversion
        b_seq(k,1) =  bit_sequence(k) * (-1)^(sum(bit_sequence(1:k)) - 1);
    end
elseif strcmp(code_name, 'bipolar_rz')
    n_sample = fs/Rb;
    n_middle = n_sample/2;
    basic_pulse = ones(1,n_sample);
    basic_pulse((n_middle + 1):(n_sample)) = zeros(1,(n_sample-n_middle));
    no_binary = length(bit_sequence);
    for k = 1:no_binary    % Binary to bipolar conversion
        b_seq(k,1) =  bit_sequence(k) * (-1)^(sum(bit_sequence(1:k)) - 1);
```

```
    end
elseif strcmp(code_name, 'manchester')
    n_sample = Tb/Ts;
    n_middle = n_sample./2;
    basic_pulse = ones(1,n_sample);
    basic_pulse((n_middle + 1):(n_sample)) = -ones(1,(n_sample-n_middle));
    b_seq = 2*bit_sequence- ones(size(bit_sequence)); % Binary to polar conversion
elseif strcmp(code_name, 'triangle')
    n_sample = Tb/Ts;
    n_middle = n_sample/2;
    step = 1/n_middle;
    basic_pulse(1:n_middle) = [step:step:1];
    basic_pulse((n_middle + 1):(n_sample)) = [1-step: -step: 0];
    b_seq = bit_sequence;
else
    error('Unknown linecode type')
end
%--------------------------------------
% Generate output signal waveform
%--------------------------------------
x  = (b_seq * basic_pulse)';
time = time(:);
out_waveform = x(:);
if (nargout == 2), t = time; end
if (nargout == 3), t = time; pulse=basic_pulse; end
```

③ WAVEFORM.m 작성

이진 디지털 신호의 파형을 그리는 함수

waveform(x, fs);

waveform(x, fs, time_range);

x : 파형을 그릴 대상 신호 벡터

fs: sampling frequency

time_range : 파형의 일부를 그리기 위한 시간축의 범위

```
function waveform(in, fs, time_range)

% This function plots the digital pulse waveforms
% fs is sampling frequency [Hz]
% time_range is time interval to draw signal waveform(optional)

signal = in(:);
ts = 1/fs;
in = in(:);
no_samples = length(signal);    % Number of input samples
time = [1:(no_samples)]*ts;     % Default sampling instances
amplitude = max(abs(signal));    % Maximum input value
if(amplitude == 0) amplitude = 1; end
range = [min(time) max(time) -1.2*amplitude 1.2*amplitude];
if (nargin == 3), % When time_range is given
  range = [min(time_range) max(time_range) -1.2*amplitude 1.2*amplitude];
end
rect_plot(time,signal);
xlabel('Time [sec]');
ylabel('Signal waveform');
grid on,
axis(range);
```

RECT_PLOT.m 작성

```
function rect_plot(time,signal)

% This function draws a stair-like graph of the digital pulse waveform.

n = length(time);
delta = (max(time) - min(time)) / (n-1);
nn = 2*n;
yy = zeros(nn+2,1);
xx = yy;
t = time(:)' - delta;
xx(1:2:nn) = t;
xx(2:2:nn) = t;
xx(nn+1:nn+2) = t(n) + [delta;delta];
yy(2:2:nn) = signal;
yy(3:2:nn+1) = signal;
plot(xx,yy)
```

④ PSD.m 작성

입력 신호의 전력 스펙트럼 밀도(PSD)를 계산하여 그리는 함수

Psd(x,fs)

x : 신호 파형

fs : sampling frequency

```
function [Sx] = psd(x,fs,M)

% Power Spectrum Estimation
%
% PSD(x,fs,M) computes PSD estimate of x using the Welch method.
% The input sequence x of N points is divided into K sections of M points each.
% Successive sections of input are windowed and FFT'd and accumulated.
% The resulting power spectrum is plotted over the frequency range [0,fs/2], where
% "fs" is the sampling frequency.
% The function PSD_PLOT is used to plot the power spectrum of x.
%
% Sx = PSD(X,M) returns the ((M/2)-1) by 1 array  of power spectral density.
%

x = x(:);                % Column vector
N = length(x);     % Number of data points
freq_range = [0  fs/2];  % Frequency range for plotting
if (nargin == 2)
   M = N;
end

if (M <= 8192)
   M1 = log2(M);
   M2 = ceil(M1);
   fft_point = 2^M2;
else
   fft_point = 1024;
end

%-----------------------------------------------------
% Determine the number of windows, normalizing factor
%-----------------------------------------------------

M = min(fft_point,N);
```

```
k = fix(N/M); % Number of windows
index = 1:M;
w = ones(fft_point,1);              % Rectangular window in this example
scale = k*fft_point*norm(w)^2/2;          % Normalizing scale factor
Px = zeros(fft_point,1);

%------------------------------------------------------
% Accumulate fft spectrum and get the psd estimate
%------------------------------------------------------

for i=1:k
      xw = w.*[detrend(x(index));zeros(fft_point-M,1)];
      index = index + M;
      X = abs(fft(xw,fft_point)).^2;
      Px = Px + X;
end
P = Px([2:(fft_point/2+1)])/scale; % Select first half and eliminate DC value
if( nargout == 0)  % Plot PSD function
    N1 = fft_point/2;
    df = (fs/2 )/N1;  % Frequency resolution
    f_bin1 = max(1,round(freq_range(1)/df )); % Low frequency bin
    f_bin2 = min(N1,round(freq_range(2)/df)); % High frequency bin
    f = (f_bin1:f_bin2)*df/1000;  % Frequency vector in KHz
    P = P(f_bin1:f_bin2);
    semilogy(f,P);
    xlabel('Frequency [KHz]');
    ylabel('Power Spectral Density');
    grid on;
end
if( nargout == 1), Sx = P;
end
```

⑤ CHANNEL_FILTER.m 작성

주어진 입력 신호 x에 대해 채널 출력을 생성하는 통신 채널을 모델링한다.

```
function [r, time] = channel_filter(x,gain,noise_power,f_cutoff,fs)

% ******************************************************************
% A communications channel modeled with a bandlimited filter and Gaussian noise
```

```
%
% [r, time] = CHANNEL_FILTER(x,gain,noise_power,f_cutoff,fs)
% [r] = CHANNEL_FILTER(x,gain,noise_power,f_cutoff,fs)
% CHANNEL_FILTER(x,gain,noise_power,f_cutoff,fs)
%
% This function generates output sequence r from the input sequence x
% using a channel filter and Gaussian noise is added.
%
% f_cutoff: this parameter defines the passband
% If f_cutoff is a scalar, then channel filter is LPF
% If f_cutoff is a 1 x 2 vector, then the channel is BPF
% gain: |H(f)| in passband
% fs: sampling frequency
%
% r: output sequence
% time: time vector
% When no output argument is specified, the function displays the frequency response H(f).
% *********************************************************************

Ts = 1/fs; % Sampling period
n_sample  = length(x);  % Number of samples in input sequence
time = [0:(n_sample-1)]*Ts; % Time vector

% ---------------------------------------------
%  Filter parameter
%          .... Cehbyshev Type 1 digital filter is used
% ---------------------------------------------

ripple = 0.1;        % Allowable ripple [dB]
filt_order = 8;      % Filter order
fpoints = 256;    % Number of samples to display the channel response

%-----------------------
% Cut-off frequencies
%-----------------------

if (length(f_cutoff) == 1) % Lowpass filter channel
    Wc = f_cutoff;  % Cut-off frequency in Hz
    Wn = [Wc]/(fs/2); % Normalize the frequency
    if ( Wc >= fs/2 ), error(''); end
elseif (length(f_cutoff) == 2)  % Bandpass filter channel
    W1 = min(f_cutoff); W2 = max(f_cutoff);
```

```
 Wn = [W1, W2]/(fs/2);
   if ( W2 >= fs/2 ), error(''); end
end

%----------------------------
% Filter coefficients
%----------------------------

[B,A] = cheby1(filt_order, ripple, Wn);
delay = 0; % Time delay of the channel [sec].
n_delay = fix(delay/Ts);
B = [zeros(1,n_delay) B];
B = sqrt(gain) * B;
x = [x(:)' zeros(1,n_delay)];

%--------------------------------------------------
% Filter the input signal and add Gaussian noise
%--------------------------------------------------

if (nargout == 0)
    frequency = fs/(2*fpoints) * (0:fpoints-1); % Frequency vector
    H = freqz(B,A,fpoints); % Frequency response
    amplitude = abs(H);
    amplitude_dB = 20*log10(amplitude);
    phase = angle(H);
    phase1 = unwrap(phase);
    phase_deg = phase1*180/pi; % Phase in degree
    subplot(121), plot(frequency, amplitude_dB );
    title('Amplitude response of the channel');
    xlabel('Frequency [Hz]');
    ylabel('Amplitude [dB]'), grid on;
    subplot(122), plot( frequency, phase_deg );
    title('Phase response of the channel');
    xlabel('Frequency [Hz]');
    ylabel('Phase [degree]'), grid on;
else
 y = filter(B, A, x);
    noise  = randn(size(y));
    r = y + sqrt(noise_power)*noise;
end
```

⑥ EYE_PATTERN.m 작성

입력 신호의 eye diagram을 그리는 함수로 라인 코딩된 신호가 채널을 통과하여 수식기에 입력될 때 어떤 모양을 갖는지 수신 신호로부터 데이터를 복구하기 쉬운 정도를 판단하기 위한 용도로 사용한다.

```
function eye_pattern(x, Rb, fs, T)

%-----------------------------------------------------------------
% This function generates the eye diagram
%
% eye_pattern(x) displays the eye diagram of the input sequence x.
% eye_pattern(x, T) displays the same eye diagram, but waits T seconds
%                         between succesive plots.
%                         If T is not given, T is set to zero.
%-----------------------------------------------------------------

if (nargin == 3)
   T = 0;
end
Tb = 1/Rb;
ts = 1/fs;
num_eye = 2; % Number of eye diagrams
num_sample = Tb/ts; % Number of samples per bit period
N = length(x); % Total number of samples
num_block = fix(N/(num_eye*num_sample)); % Number of blocks of num_samples
if(num_block > 150) num_block = 150; end
index = [1:(num_eye*num_sample)]; % index for selecting input
%% skip initial data
index = index + (num_eye*num_sample);
num_block = num_block - 1;
%%
t_time = ts * [0:num_eye*num_sample]; % Time for displaying the diagram
time = ts * [1:num_eye*num_sample];
amplitude = max(abs(x));

% -----------------------------------------------------------------

delta = x(2) - x(1);
x0 = x(1) - delta; % Estimate the first data of the input
if(((x0 < 0) & (x(1)>0)) | ((x0>0) & (x(1)<0))) x0 = 0; end
```

```
y = x(index);
plot(t_time,[x0 y(:).'],'b');   grid on;
xlabel('Time [sec]'); title('Eye Diagram');
hold on
last = max(index);
z = zeros((num_eye*num_sample), num_block-1);
z(:) = x( (num_eye*num_sample)+1 : num_block*num_eye*num_sample );
front = z(num_eye*num_sample,:);
front = [x(last) front(1:num_block-2)];
z = [front;  z];
if (nargin == 3)
    plot(t_time, z,'b');
else
for k = 1:(num_block-1)
        pause(T);
        plot(t_time, z(:,k),'b');
    end
end

%axis([0 max(t_time) -1.25*amplitude 1.25*amplitude]), ...
axis([0 max(t_time) -2  2]), ...
%axis([0 max(t_time) -2.5  2.5]), ...
hold off
```

6. 주의사항 및 주요 관찰사항

6.1 주의사항

- 변조 회로를 복조 회로에 연결하여 복조 파형을 얻으므로 변조 회로 실험이 끝난 후 변조 회로를 해제하지 않는다.
- 모듈의 구성 소자, 부품 및 사용 기기에 대한 지식을 정확히 습득한다.
- 커패시터와 저항과 같이 변조 주파수에 영향을 미치는 소자를 파악하고, 회로 구성 시 주의하여 연결한다.
- 회로 동작 관찰 시 여러 가지 외부적인 요인들로 인한 잡음이 있을 수 있음을 인식한다.

6.2 주요 관찰사항

- 커패시터, 저항 등의 소자 값 변화가 출력 파형에 어떠한 변화를 주는지 주의 깊게 관찰하고, 회로의 동작 원리를 정확하게 이해한다.
- 전이중/반이중 모드 동작의 차이점을 주의 깊게 관찰한다.

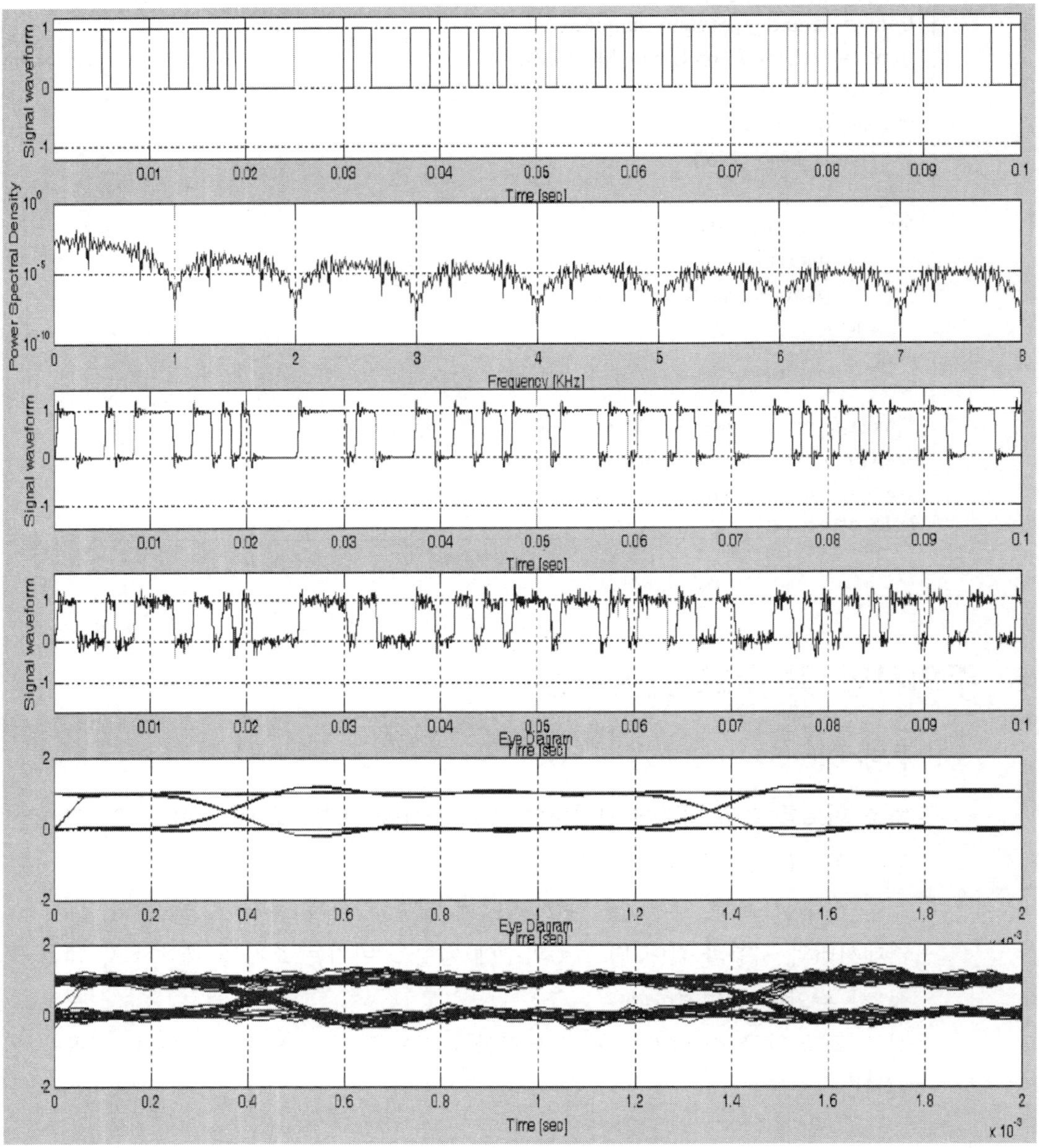

[그림 9-6] PCM 관련 파형

실험 결과 보고서

실험제목	실험 9. 펄스 코드 변조(PCM) 및 복조							
학　　과		학년		학번		조		성명

(1) 데이터율은 Rb=1[Kbps]이고 샘플링 주파수는 fs=16KHz이다. 이진 데이터 b=[1 0 1 0 1 1]을 발생시키고 여러 종류의 라인 코드에 대해 신호 파형을 그리시오.

(2) 2,000 비트의 랜덤 이진 수열을 발생시키고, unipolar NRZ 및 Manchester로 부호화하여 1[Kbps]로 전송하는 경우에 대해, 신호의 PSD를 그리시오.

(3) 데이터율을 2[Kbps]로 변화시키고 PSD를 비교하시오.

(4) band-limited filter를 이용하여 신호가 통과하는 채널의 대역폭을 점점 감소시킴에 따라 신호가 어떤 영향을 받는지 실험해 보시오. 5KHz, 2.5KHz, 1KHz와 같은 필터 제한 주파수를 사용해 본다. 또한 잡음 전력을 변화시켜 본다.

(5) 위와 같이 왜곡된 신호의 eye diagram을 각각 그리시오.

(6) 이번 실험을 통해 무엇을 알 수 있는지 자세히 기술하시오.

실험 10 연속파 디지털 변조 (ASK, FSK, PSK) 및 복조

1. 실험 목적

본 실험을 통해
- 3개의 IC와 몇 개의 소자를 이용하여 간단한 FSK(Frequency Shift Keying) 변조/복조기를 구성하고, 회로 동작원리를 이해한다.
- FSK 송신기(변조기)/수신기(복조기)의 특성과 동작을 관찰한다.

2. 기초이론

2.1 디지털 변조

디지털 데이터인 0과 1을 아날로그 신호로 변환하는 방식에는 ASK(Amplitude Shift Keying), FSK(Frequency Shift Keying), PSK(Phase Shift Keying) 등이 있다. 송신측에서는 디지털 데이터를 아날로그 신호로 변환하는 변조가 수행되고 수신측에서는 이의 역변환인 복조가 수행된다. 이와 같이 디지털 데이터를 전송하는 변·복조하는 정합 장치를 모뎀(MODEM: MOdulator/DEModulator)이라 한다.

2.1.1 모뎀

좁은 의미에서 모뎀이란, 디지털 신호를 보내는데 컴퓨터와 전화선을 연결해주는 주변 장치를 말한다. 보통 전화선은 주파수 대역이 300~3,400Hz로 한정되어 있으므로 디지털 신호의 전송 속도를 높이려면 변복조 장치가 필요하다. 송신측에서는 변조기가 디지털 신호를 아날로그 신호로 변조하고, 수신측에서 복조기가 아날로그 신호를 디지털 신호로 복조한다.

그러나 디지털 회선을 사용하는 경우, 회선과 단말을 접속시키는 장치를 MODEM이라 하지 않고 DSU(Digital Service Unit)라고 부른다.

2.1.2 FSK

주파수 변조의 한 형태로, 디지털 신호를 아날로그 전송로를 통해 전송할 때 사용하는 변조 방식으로 주파수 편이 변조라고 부른다. [그림 10-1]에서 보여지는 것과 같이, 가장 간단한 것은 중심 주파수를 포함한 고주파수와 저주파수에 2진수 1과 0이 대응되는 BFSK (Binary FSK)이다. 즉 1과 0의 신호에 각각 f_1 및 f_0의 2개 주파수가 할당된다.

2개의 주파수를 사용하기 때문에 잡음에 강한 반면, 고속 전송에는 부적합하다. 따라서 200~1,200bps의 저속 회선용 모뎀에서 사용되는 변조 방식이다.

FSK의 모뎀 규격으로 CCITT(현 ITU-T)권고 V.21, V.23 등이 있다. 대부분의 셀룰러 이동 전화 시스템에서 제어 신호를 변조하기 위하여 FSK 방식을 사용한다.

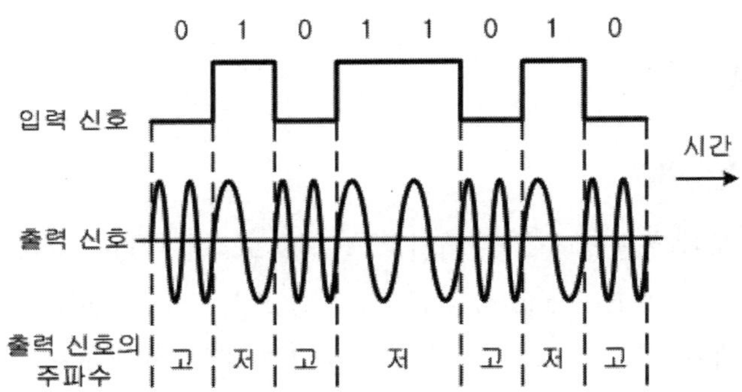

[그림 10-1] FSK 신호

FSK에 따른 변조된 신호의 수식은 식 (10.1)과 같이 나타낼 수 있다.

$$s(t) = \begin{cases} A\cos(2\pi f_1 t + \theta_c) & 2진수\ 1 \\ A\cos(2\pi f_2 t + \theta_c) & 2진수\ 0 \end{cases} \tag{10.1}$$

[그림 10-2]는 FSK의 송신기 구조 및 출력 신호의 파형을 나타낸 것이다.

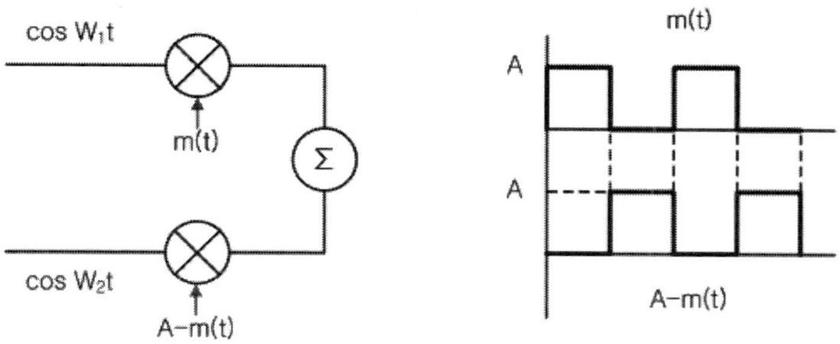

[그림 10-2] FSK 송신기

FSK의 수신기 구조 및 출력 신호의 파형은 [그림10-3]과 같다.

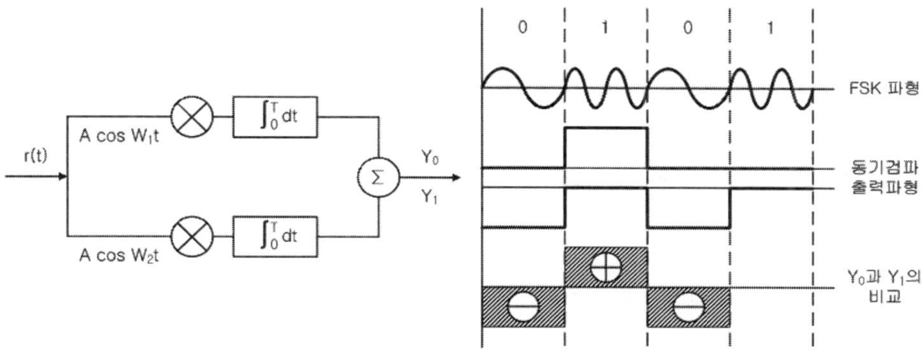

[그림 10-3] FSK 수신기

2.1.3 ASK

ASK는 반송 주파수의 2가지 다른 진폭에 각각 1과 0을 할당하여, 2진 데이터를 전송할 때 사용하는 변조 방식으로 [그림 10-4]와 같으며, 진폭 편이 변조라고 부른다.

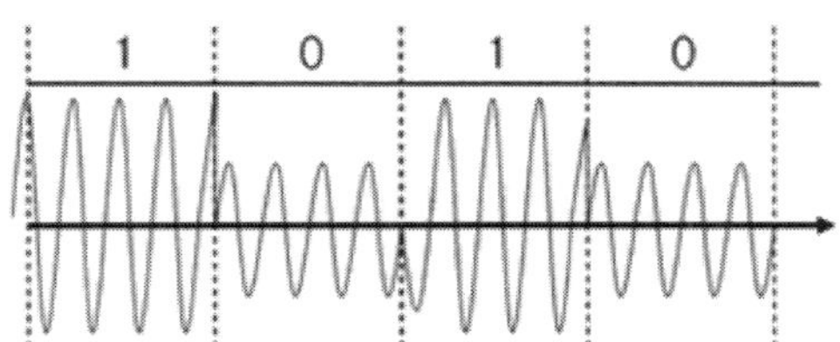

[그림 10-4] ASK 신호

반송 주파수에 기저대역 신호를 곱하여 ASK 신호가 생성되는데, 가장 간단한 ASK는 [그림 10-5]처럼 기저대역 신호가 0일 경우에 신호는 0이 되고, 기저대역 신호가 1일 경우 반송파가 출력되는 On-Off Keying이다.

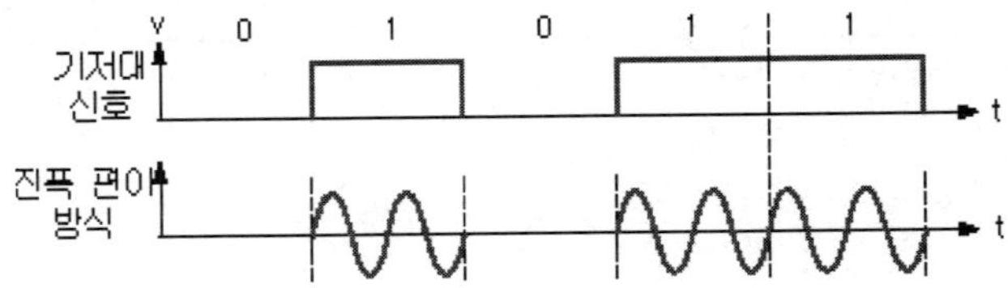

[그림 10-5] ASK 신호

ASK에 따른 변조된 신호의 수식은 식 (10.2)와 같이 나타낼 수 있다.

$$s(t) = \begin{cases} A\cos(2f_c t + \theta_c) & 2\text{진수 } 1 \\ 0 & 2\text{진수 } 0 \end{cases} \tag{10.2}$$

ASK의 송신기 구조 및 출력 신호의 파형은 [그림 10-6]과 같다. 여기에서 $u(t)$는 송신 신호를 뜻한다.

$$s(t) = u(t)\cos(2\pi f_c t + \theta_c) \tag{10.3}$$

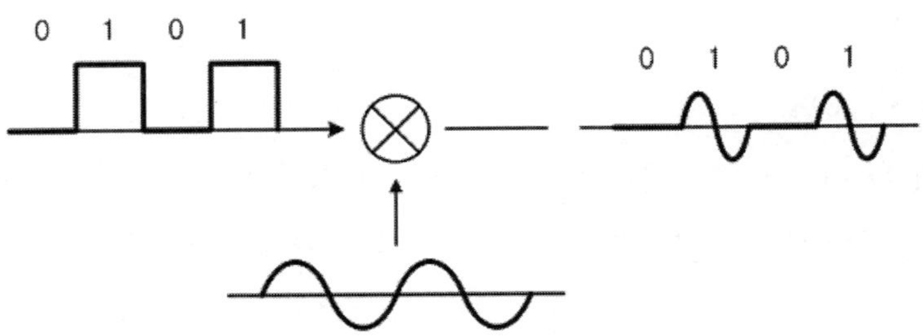

[그림 10-6] ASK 송신기

ASK의 수신기 구조는 [그림 10-7]과 같다.

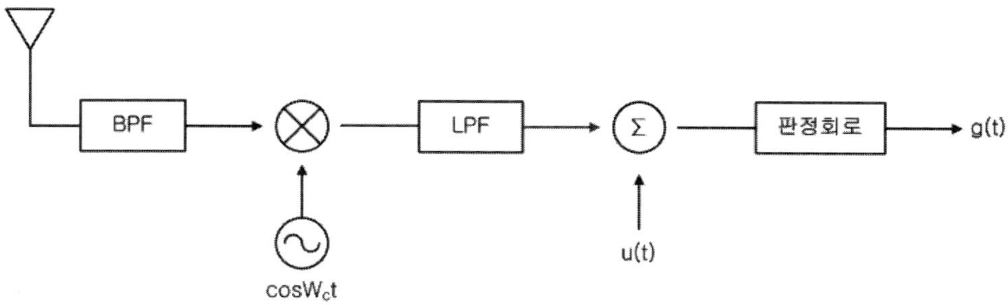

[그림 10-7] ASK 수신기

ASK 방식은 전송 거리에 따라 신호의 진폭이 감쇄되고, 진폭에 추가되는 잡음의 영향을 많이 받기 때문에, 장거리 전송이나 대용량의 전송에는 사용하지 않는다.

2.1.4 PSK

PSK는 위상 변화에 따라 0과 1을 대응시켜 신호를 전송하는 위상 편이 변조 방식이다. 가장 기본적인 위상 편이 방식은 [그림 10-8]과 같이 전송하려는 0과 1의 디지털 신호를 반송파의 위상 0°와 180°에 대응시켜 신호를 변조하는 이진 위상 편이 방식(BPSK: binary PSK)이다.

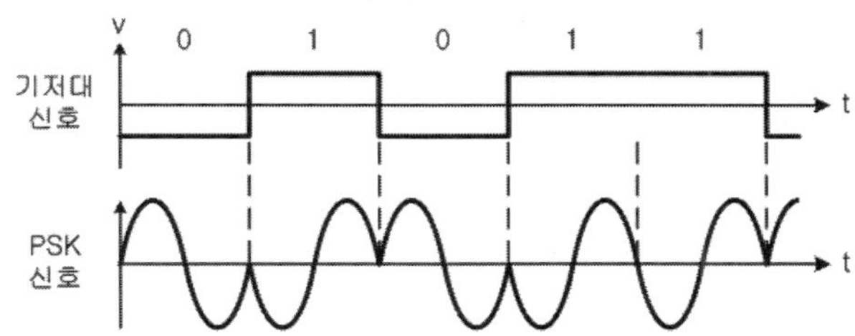

[그림 10-8] PSK 신호

2비트의 디지털 신호를 반송파의 4개 위상에 대응시켜 변조하는 직교 위상 편이 방식(QPSK: Quadrature PSK)도 있다. BER(Bit error rate)을 줄이기 위하여 고안된 그레이 코딩(Gray coding)을 사용한 QPSK의 예를 들면 [그림 10-9]와 같이 45°에 (1, 1), 135°에 (0, 1), −135°에 (0, 0), −45°에 (1, 1)을 대응시켜 신호를 변조하며 각 신호의 형태는 [그림 10-10]의 'Signal' 신호에 나타내었다. QPSK는 BPSK와 같은 주파수 대역에서 2배의 정보를 전송할 수 있으며, 위성 방송의 음성 신호 전송이나 위성 통신 분야에서 널리 사용되고 있다.

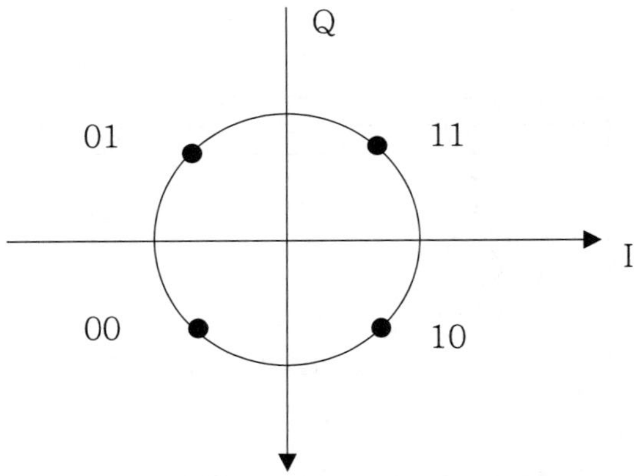

[그림 10-9] QPSK의 위상 다이어그램

BPSK에 따른 변조된 신호의 수식은 식 (10.4)와 같이 나타낼 수 있다.

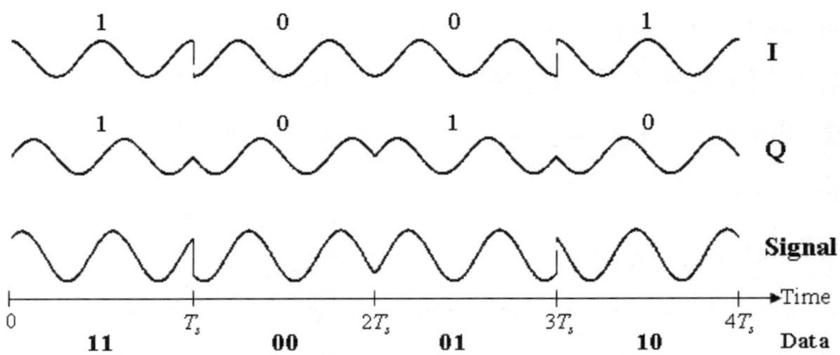

[그림 10-10] QPSK의 따른 위상 변조 출력 신호

$$s(t) = \begin{cases} A\cos(2f_c t + \pi) & 2\text{진수 } 1 \\ A\cos(2f_c t) & 2\text{진수 } 0 \end{cases} \qquad (10.4)$$

[그림 10-11]은 PSK의 송신기 구조 및 출력 신호 파형이다.

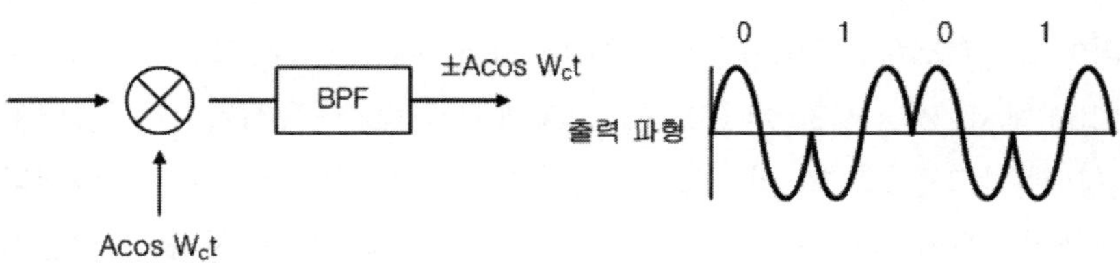

[그림 10-11] PSK 송신기

[그림 10-12]는 PSK의 수신기 구조를 나타낸 것이다.

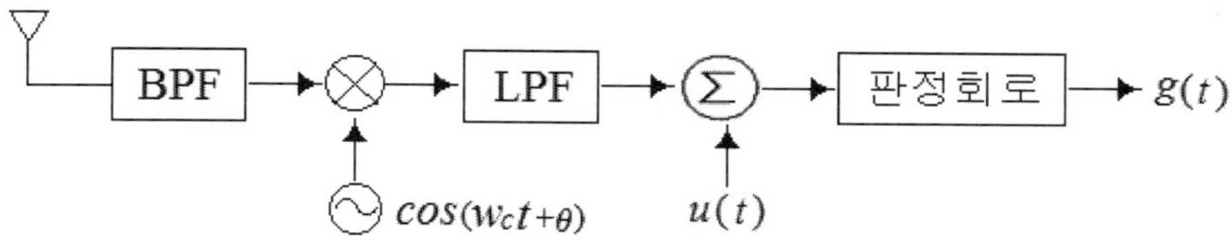

[그림 10-12] PSK 수신기

2.1.5 각 변조 방식별 특징

ASK, FSK 및 PSK의 각 변조 방식의 특징을 정리하면 [표 10-1]과 같고, 각 변조 방식별 출력 신호의 파형은 [그림 10-13]과 같다.

[표 10-1] ASK, FSK 및 PSK 변조 방식의 특징

구분	ASK	FSK	PSK
검파	동기/비동기	동기/비동기	동기
	동기검파	- 동기 : PLL - 비동기 : 포락선	동기검파
대역폭	기저대역신호의 최대주파수의 2배	대역폭이 낭비되어 M진 FSK로 대역폭 증가	ASK와 동일하나 동일 S/N 하에서 양호
구현	매우간단	복잡	복잡
에러성능	낮음	양호	양호
통신속도	저속데이터전송	저속데이터전송	고속데이터전송

2.2 통신 방식

2.2.1 단방향 통신

단방향 통신 방식(simplex)은 데이터의 흐름이 한 방향으로만 한정되어 있어 송신 또는 수신만 가능한 통신 방식이다. 단방향 통신의 예로는 텔레비전 방송, 라디오를 들 수 있다.

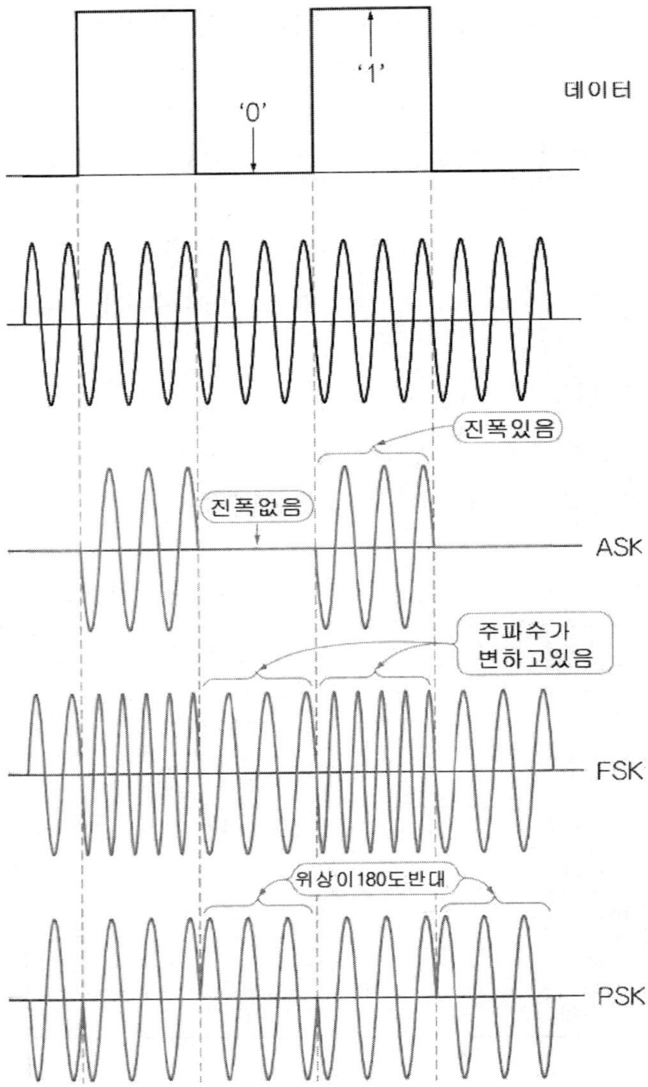

[그림 10-13] 각 변조 방식별 신호 파형

2.2.2 반이중 통신 방식

반이중 통신 방식(half duplex)은 컴퓨터 채널이나 단말기, 통신 회선, 변복조 장치 등에서 통신의 방향을 구분하는 통신 방식의 한 가지이다. 양쪽 방향으로 신호의 전송이 가능하지만. 동시에 양방향 통신이 불가능하고 경우에 따라 반드시 한쪽 방향으로만 전송이 가능하다. 휴대용 무선 통신기가 대표적인 예이다.

2.2.3 전이중 통신 방식

전이중 통신 방식(full duplex)이란 송신을 하면서 동시에 수신도 할 수 있는 방식을 말한다. 동시에 양방향 전송을 하려면 동기선을 포함하여 송신용과 수신용의 2쌍의 전송로가 각각 필요하므로 4선식 전송로로 되어있다. 대표적인 예로 전화기가 있다.

3. 실험 예비 보고

3.1 기존의 FM 변조와 FSK 변조의 차이점을 설명하시오.

3.2 ASK, FSK 및 PSK 변조가 실생활에 사용되는 예를 조사하시오.

4. 실험기자재 및 부품

4.1 사용기기

- 함수발생기
- 전원공급기(2대)
- 오실로스코프

4.2 사용부품

- FSK 및 복조 모듈
  - 저항(11개) : 150Ω, 560Ω(2개), 4.7kΩ(2개), 10kΩ(2개), 30kΩ, 39kΩ, 47kΩ(2개)
  - 가변저항(1개) : 10kΩ
  - 커패시터(11개) : 0.001μF, 0.02μF(5개), 0.05μF, 0.1μF, 1μF, 10μF(2개)
  - IC(3개) : XR2206 function generator, 741 OP AMP, 565 PLL

5. 실험방법 및 순서

5.1 [그림 10-14]의 FSK 송신회로를 확인한다.

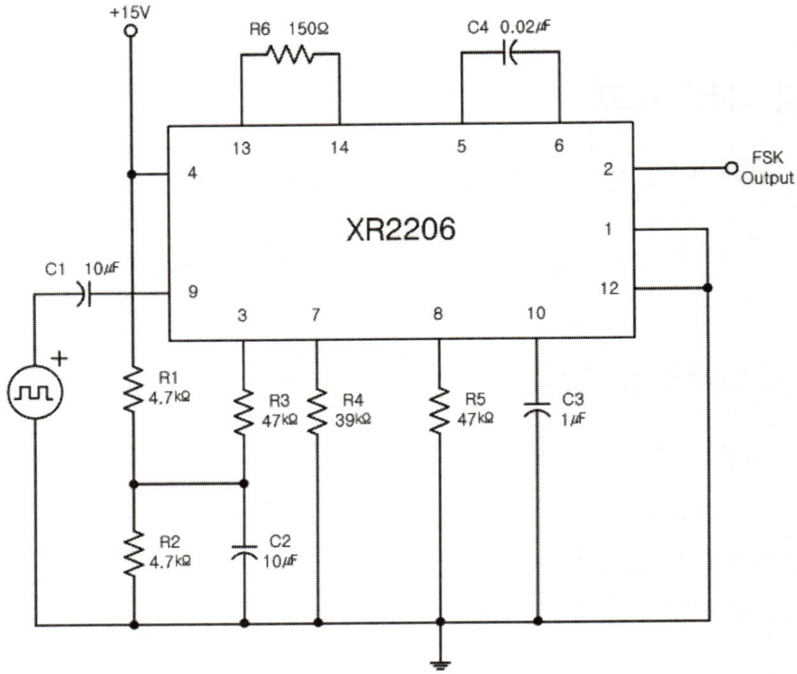

[그림 10-14] FSK 송신회로

5.2 [그림 10-16] 모듈에서 **스위치 SW2를 개방**(off)하고, **스위치 SW3을 단락**(on)하여 XR2206의 9번 핀을 접지시킨다. 이때, 변조회로와 복조회로를 분리하기 위해 스위치 **SW1을 개방**(off)하고, **스위치 SW4를 개방**(off), **스위치 SW5를 단락**(on)한다.

5.3 [그림 10-16] 모듈의 BJ5 단자를 전원공급기 양의 단자에, BJ6 단자를 전원공급기 접지 단자에, 모듈의 BJ7 단자를 전원공급기 음의 단자에 각각 연결한 후 12V의 전원을 공급한다. 또한 BJ8 단자를 전원공급기 양의 단자에, BJ9 단자를 전원공급기 음의 단자에 각각 연결한 후 15V의 전원을 공급한다.

5.4 오실로스코프를 이용하여 출력 신호(FSK out, TP2)를 관찰한다. 주기 T를 측정하고 출력단의 주파수를 계산하여 실험 결과 보고서의 [표 10-2]에 기록한다.

5.5 [그림 10-16] 모듈에서 XR2206에 **스위치 SW2를 단락**(on)하고, **스위치 SW3을 단락**(on)하여 9번 핀에 V+high를 공급한다. 주기 T를 측정하고 출력단의 주파수를 계산하여 실험 결과 보고서의 [표 10-2]에 기록한다.

5.6 주파수 편이를 계산하여 실험 결과 보고서 [표 10-2]에 기록한다.

5.7 [그림 10-16] 모듈에서 XR2206에 **스위치 SW3을 개방**(off)하여 XR2206의 9번 핀에 연결되어 있는 V_{+high}를 제거하고, BJ1 단자를 함수발생기 양의 단자에, BJ2 단자를 함수발생기의 음의 단자에 각각 연결하여 구형파 출력을 공급한다. 입력 신호는 주파수 100Hz, 전압 $3V_{p-p}$로 맞춘다. 출력 신호에 어떤 현상이 발생하는가?

5.8 전원을 제거하고, XR2206의 7번 핀에 연결되어 있는 저항 39kΩ을 10kΩ으로 변경하기 위해 **스위치 SW4를 단락**(on), **스위치 SW5를 개방**(off)한다.

5.9 오실로스코프의 입력 A와 B를 각각 XR2206의 9번 핀과 2번 핀에 연결하고, 회로에 전원을 인가한다. 어떤 형태의 신호가 관찰되는가?

5.10 [그림 10-16] 모듈에서 전원을 제거한다. [그림 10-15]의 FSK 수신회로를 확인한다. [그림 10-14]와 [그림 10-15] 회로가 연결되도록 **스위치 SW1을 단락**(on)한다.

5.11 가변저항 P_1을 중간 범위로 조정한 후 회로에 전원을 인가한다.

5.12 오실로스코프로 741의 출력(V_{out}, TP3)을 관찰하면서 대칭인 구형파 출력 신호를 얻을 때까지 P_1을 조정한다.

5.13 [그림 10-16] 모듈에서 XR2206의 9번 핀에 연결된 구형파 발생기를 제거시키고, **스위치 SW2를 개방**(off)하고, **스위치 SW3을 단락**(on)하여 XR2206의 9번 핀을 접지시킨다. 출력 전압을 측정하여 실험 결과 보고서의 [표 10-3]에 기록한다.

5.14 [그림 10-16] 모듈에서 접지된 XR2206에 **스위치 SW2를 단락(on)**하고, **스위치 SW3을 단락(on)**하여 9번 핀에 +12V를 공급한 후 출력 전압(V_{out}, TP3)을 측정하여 실험 결과 보고서의 [표 10-3]에 기록한다.

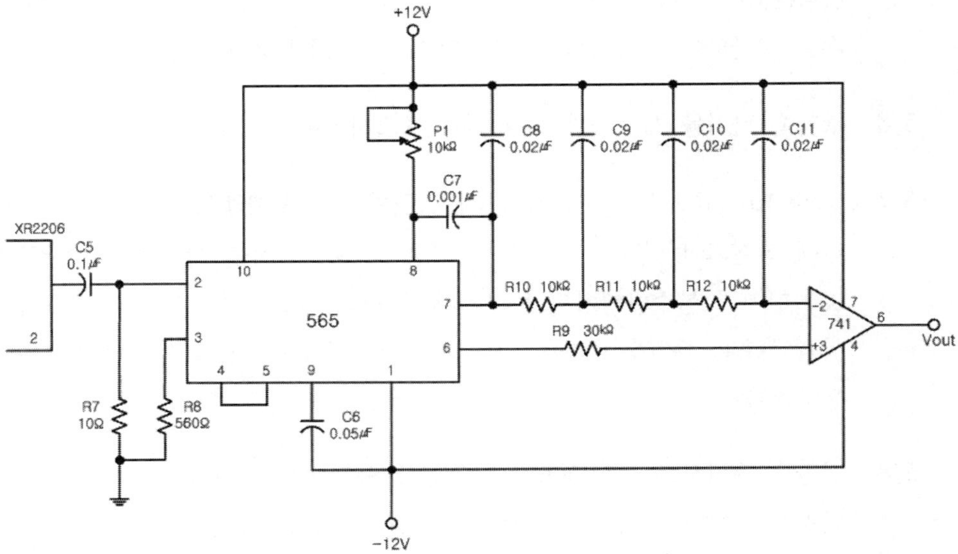

[그림 10-15] FSK 수신회로

6. 주의사항 및 주요 관찰사항

6.1 주의사항

- 모듈의 구성소자, 부품 및 사용기기에 대한 지식을 정확히 습득한다.
- 커패시터와 저항과 같이 변조 주파수에 영향을 미치는 소자를 파악하고, 회로구성 시 주의하여 연결한다.
- 회로 동작 관찰 시 여러 가지 외부적인 요인들로 인한 잡음이 있을 수 있음을 인식한다.

6.2 주요 관찰사항

- 커패시터, 저항 등의 소자 값 변화가 출력 파형에 어떠한 변화를 주는지 주의 깊게 관찰하고, 회로의 동작원리를 정확하게 이해한다.

- 전이중/반이중 모드동작의 차이점을 주의 깊게 관찰한다.

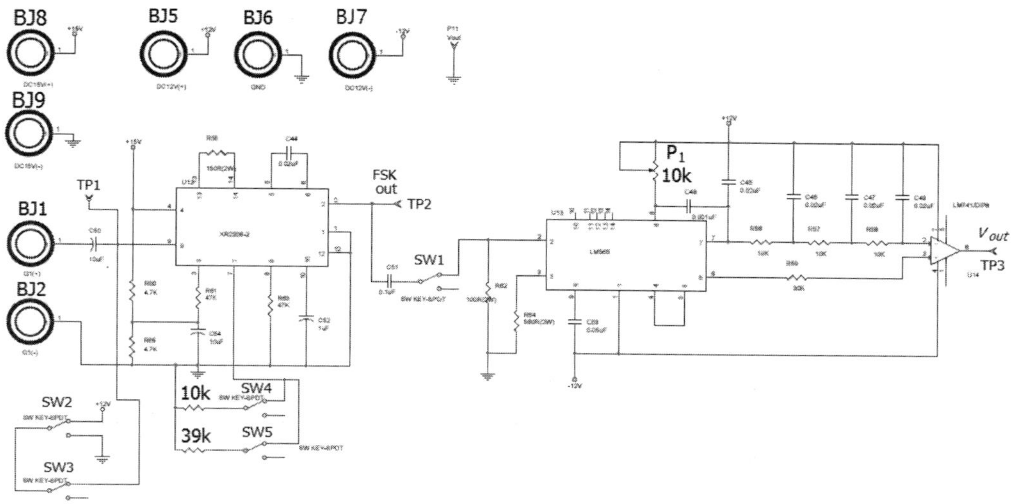

[그림 10-16] FSK 및 복조 모듈 회로도

실험 결과 보고서

실험제목	실험 10. ASK, FSK, PSK 변조 및 복조							
학 과		학년		학번		조		성명

(1) 실험과정 5.4~5.6에서 측정 및 계산한 결과를 [표 10-2]에 기록하시오.

[표 10-2]

실험과정	측정값	계산 및 결과
5.4	주기 T	
	f_{low}	
5.5	주기 T	
	f_{high}	
5.6	f_{shift}	

(2) 실험과정 5.7의 결과를 설명하여라.

(3) 실험과정 5.9의 결과를 설명하여라.

(4) 실험과정 5.13~5.14에서 측정한 출력 전압을 [표 10-3]에 기록하시오.

[표 10-3]

실험과정	측정값	계산 및 결과
5.13	V_{low}	
5.14	V_{high}	

(5) 이번 실험을 통해 무엇을 알 수 있는지 자세히 기술하시오.

실험 11 분할 다중화 (Division Multiplexing) 방식

1. 실험 목적

본 실험을 통해

- 시분할 다중화(TDM: Time Division Multiplexing) 방식의 기본적인 개념을 파악한다.
- TDM과 DEMUX(DEMUltipleXer)의 동작을 이해한다.

2. 기초이론

2.1 다중화(Multiplexing)

2.1.1 정의

통신에서 다중화(multiplexing)라는 용어는 [그림 11-1]과 같이 n개의 저수준 채널들을 하나의 고수준 채널로 통합하는 과정이다. 다중화된 채널은 역다중화(de-multiplexing) 과정을 통해 원래의 n개 채널 정보들로 추출될 수 있다.

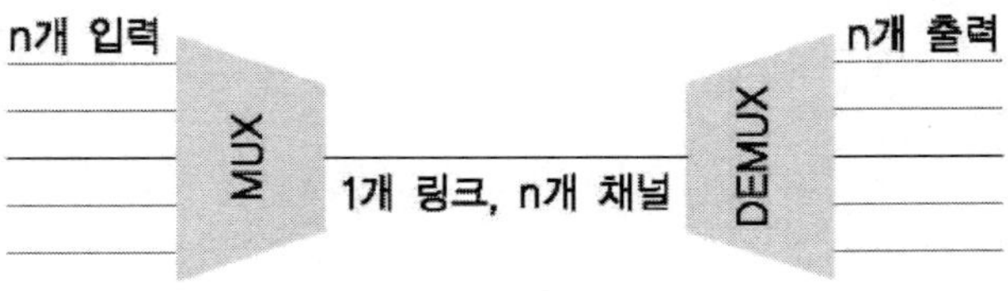

[그림 11-1] 다중화 기법

각각의 채널들은 미리 정의된 다중화 조건을 통해 구분된다. 전기 통신 분야에서 다중화의 기본적인 형태는 시분할 다중화 방식(TDM: Time Division Multiplexing)과 주파수 분할 다중화 방식(FDM: Frequency Division Multiplexing) 등이 있다. 또한 광통신 분야에서는 광 파장 분할 방식(WDM: Wave-length Division Multiplexing)이 있다.

2.2 다중화 기술

2.2.1 시분할 다중화 방식

TDM은 하나의 회선을 공유하고 있는 장치들에게 [그림 11-2]와 같이 각각 일정한 시간 슬롯(time slot)을 할당하고, 각 장치들이 자신에게 주어진 시간 동안에만 데이터를 송수신하여 여러 장치들의 데이터 전송을 위해 하나의 물리적 전송로를 공유하는 방식이다. 각 통신 채널에 시간 폭을 할당하는 방법에 따라 동기식(synchronous), 비동기식(asynchronous) 또는 통계적(statistics) TDM 방식으로 구분된다.

동기식 TDM은 한 전송로의 대역폭을 일정한 시간 슬롯으로 나누어 각 채널에 정적으로 할당함으로서 몇 개의 채널로 구분하는 방식이다. 동기식 TDM의 특징을 정리하면 다음과 같다.

- 각 단말 장치로부터 입력되는 다수의 신호들이 동일한 전송 매체로 다중화 됨
- 이들은 각각 전송되기 전에 일시적으로 버퍼에 저장됨
- 이때 각 버퍼는 한 비트 또는 한 문자 단위를 가질 수 있음
- 이 버퍼들은 순간적으로 스캔되어 다중화된 혼성의 데이터 스트림을 구성하여 전송함
- 이때 단말 장치에서 전송할 데이터가 없는 경우에도 시간 슬롯이 할당되므로 채널에 할당된 시간은 낭비됨

동기식 TDM은 구현이 간단하다는 장점이 있으나 위에서 설명한 것과 같이 입력이 없는 채널이 존재할 경우 해당 대역폭이 낭비되게 된다. 또한 타이밍에 대한 정보가 필요하다. 한편 동기식 TDM은 일반적으로 DS-1 프레임 포맷, ISDN 및 SONET/SDH 등에 사용된다.

비동기식 TDM은 지능형 또는 통계 TDM이라고도 한다. 동기식 TDM 방식이 정적으로 시간 슬롯을 할당하여 많은 시간 슬롯을 낭비하는 반면, 비동기식 TDM은 실제로 보낼 데이터가 있는 단말 장치에만 동적으로 각 채널에 시간 슬롯을 할당하는 방식이

다. 비동기식 TDM의 특징을 정리하면 다음과 같다.

- 각 채널별로 특정된 시간 슬롯이 할당되지 않음
- 고정 길이의 데이터와 함께 주소 정보로 구성되는 cell을 전송 데이터가 있는 채널에 차례로 할당함
- 별도의 채널 주소 정보가 필요함
- 비동기식 TDM은 입력이 있는 채널에만 시간 슬롯을 할당하기 때문에 대역폭을 효율적으로 사용할 수 있음
- 동적 시간 슬롯 할당을 위해 각 채널마다 헤드를 삽입하기 때문에 구현이 다소 복잡

비동기식 TDM을 적용한 대표적인 예가 HDLC 프레임 포맷이다.

2.2.2 주파수 분할 다중화 방식

FDM은 [그림 11-3]과 같이 서로 겹치지 않는 주파수 대역의 신호들을 합하여 전송하고, 수신단에서는 필터링을 통하여 특정 신호를 복원하는 비동기 방식의 다중화 방법을 말한다.

FDM은 전송 신호의 요구 대역폭보다 전송 매체의 유효 대역폭이 더 클 때 사용 가능하다. 각 신호가 서로 다른 반송 주파수로 변조되고, 변조된 신호의 대역폭끼리 겹치지 않도록 충분히 분리된다면 여러 신호가 동시에 전송될 수 있다.

각각의 변조된 신호는 반송 주파수를 중심으로 채널이라 불리는 대역폭을 요구한다. 여러 신호의 상호 간섭을 배제하기 위해 채널들은 보호 대역(guard band)이라는 스펙트럼에서 사용되지 않는 대역에 의해 분리된다. FDM의 대표적인 예로는 방송과 케이블 TV가 있다.

FDM은 아날로그 신호를 그대로 사용 가능하며, 중계기의 구조가 간단하다는 장점이 있다. 그에 반해 FDM의 단점은 보호 대역의 낭비와, 인접 신호 간에 주파수 스펙트럼이 겹쳐질 때 발생하는 누화(Cross-talk)가 있다. 음성 신호의 경우, 유효 대역폭이 3,100Hz (300~3,400) 밖에 안 되기 때문에 누화를 고려할 때 4kHz 대역폭이 적절하다.

긴 링크(link)에서 증폭기는 하나의 채널 신호에 대하여 비선형적인 영향을 미칠 수 있는데, 이로 인하여 다른 채널의 주파수 성분이 생성될 수 있는데, 이것을 상호 변조 잡음이라 부른다.

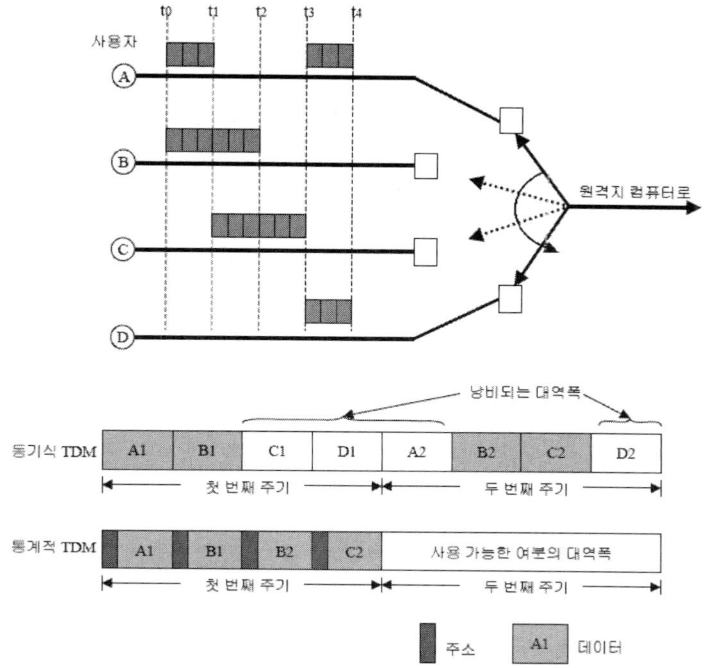

[그림 11-2] TDM 방식

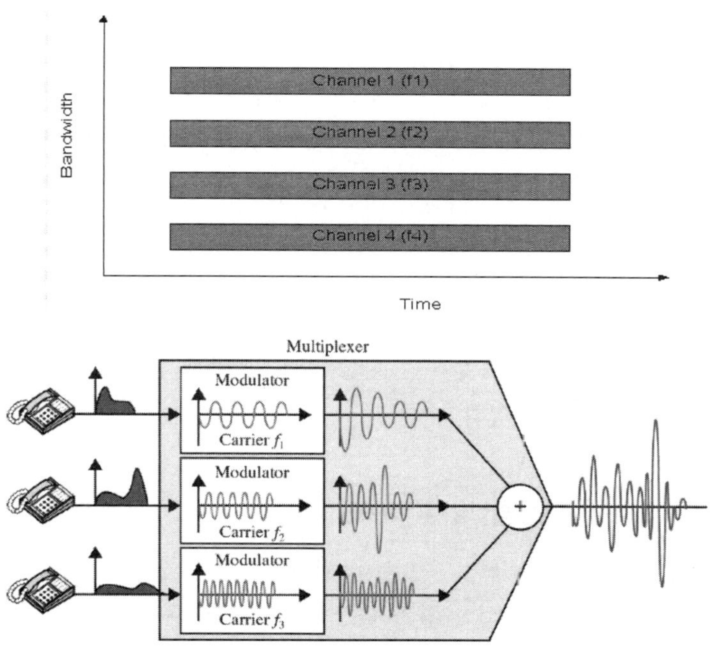

[그림 11-3] FDM 방식

2.2.3 부호 분할 다중화 방식

CDM은 [그림 11-4]와 같이 각 채널별로 코드를 할당하여 동일한 시간 및 주파수로 여러 정보를 전송한다. 이때 사용되는 채널로 할당되는 코드는 상호 직교 관계에 있기 때문에 동일한 시간 및 주파수로 정보를 전송하더라도 채널 간에는 서로 영향을 미치지 않는다. 즉, 채널별로 전송된 신호끼리 서로 간섭을 일으키지 않는다.

CDM은 시간이나 주파수 대역폭이 제약을 받지 않아 큰 통신 용량을 확보할 수 있으며, 간섭의 최소화로 회선 품질이 양호하고 보안에 강하다. 이러한 CDM은 주로 위성 DMB나 이동 전화 시스템에 사용된다.

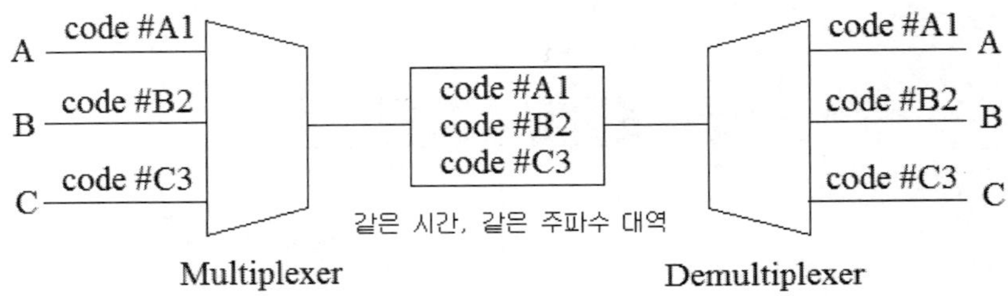

[그림 11-4] CDM 방식

CDM의 특징은 다음과 같다.

- 보안/간섭 방지를 위하여 사용자의 신호는 무작위적 코드화됨
- 서로 다른 확산용 코드를 사용하여 하나의 주파수 대역 전체를 사용하므로 대역폭이 큼
- 동기화가 필요

TDM, FDM 및 CDM을 포함하는 다중 접속의 대략적인 개념은 [그림 11-5] 및 [그림 11-6]에서 참조할 수 있다.

2.2.4 파장 분할 다중화 방식(WDM)

WDM(Wavelength Division Multiplexing)은 여러 종류의 데이터를 하나의 광섬유에 함께 싣는 기술로서, 통신 용량과 속도를 향상시키는 광전송 방식이다. 각 데이터들은 고유한 광파장으로 전송되는데, [그림 11-7]과 같이 광섬유 하나에 최고 80개의 파장이나 데이터 채널을 실을 수 있다. WDM을 적용함으로써 인터넷 데이터, SONET 데이터 및 ATM 데이터 등과 같이 각기 다른 속도의 다양한 데이터들이 함께 전송될 수 있다.

한편, WDM보다 향상된 방식인 고밀도 파장 분할 다중화(DWDM: Dense Wave-length Division Multiplexing) 기술도 있으며, 향후 DWDM 시스템이 광통신의 중심 기술이 될 것으로 전망된다. 일반적으로 광섬유 하나에 실린 파장의 수가 8개 이하이면 WDM, 8개 이상이면 DWDM으로 분류한다.

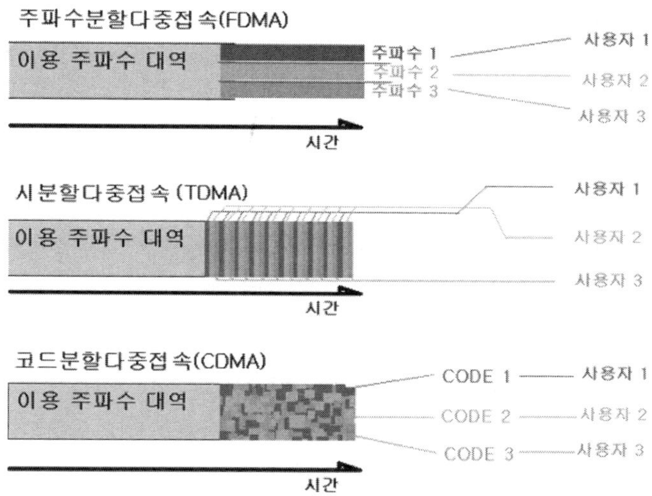

[그림 11-5] 다중 접속의 종류와 개요
출처:https://ko.m.wikipedia.org (코드분할다중접속)

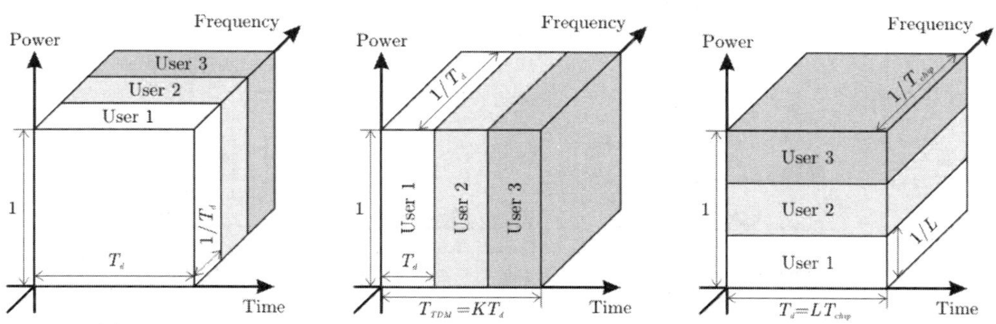

(a) FDM (b) TDM (c) CDM

[그림 11-6] 다중 접속 비교

[표 11-1] 다중화 방식 비교

방식	특징
TDM	- 시분할 다중화 방식은 신호들을 고속의 버스트로 압축하여 시간 슬롯의 겹침이 없이 합성하는 것이다. 특정 신호는 시간 슬롯의 선택에 의해 복원될 수 있으며 타이밍에 관한 정보가 필요한 동기방식 - 디지털 신호를 전송하는 경우 한 개의 전송로에 여러 가입자의 신호를 동시에 전송 가능토록 다중화를 취하는 과정을 말함 - 수용하고자 하는 가입자들에게 각기 상이한 시간 내에 전송하도록 함으로써 하나의 고속 전송로를 공유하는 방식
FDM	- 주파수 분할 다중화 방식은 겹치지 않는 주파수 대역을 갖는 각각의 신호들이 더해져서 전송되며, 특정 신호는 필터링을 통해 복원하는 비동기 방식 - 음성 등의 연속적인 신호를 전송하는 경우 한 개의 전송로에 여러 가입자의 신호를 동시에 전송 가능하도록 다중화를 취하는 과정을 말함 - 수용하고자하는 가입자들에게 각기 상이한 주파수의 대역폭을 할당하여 한 개의 광대역 전송로에 전송하는 방식
CDM	- 부호 분할 다중화 방식은 신호들은 주파수시간 영역에서 합성되기 전에 인코더를 통하여 그 특유한 형태를 갖음 - 수신단에서는 알려진 코드를 기준 신호로 상호 상관시켜 디멀티플렉싱을 수행하고, 신호는 디지털인 경우가 많음 - 디지털 또는 아날로그 신호를 전송하는 경우에 한 개의 전송로에 여러 가입자의 신호를 전송 가능하게 하도록 다중화를 취하는 것을 말함 - 일반적으로 통신 자원의 이용측면에서는 TDM과 FDM을 복합한 방식으로 생각할 수도 있으며 일종의 대역확산(spread spectrum) 통신 방식임

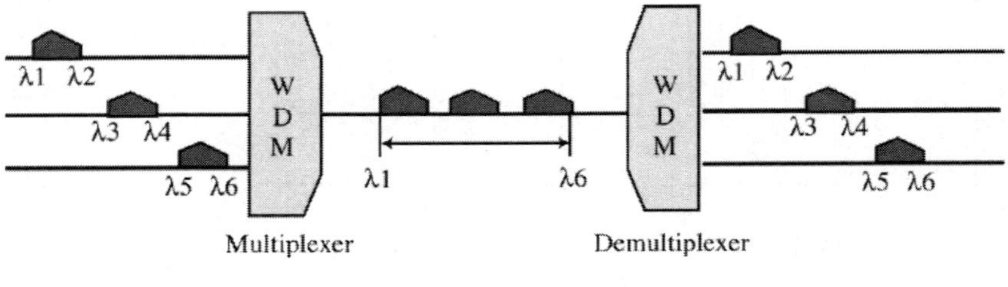

[그림 11-7] 광파장 다중화 방식

3. 실험 예비 보고

3.1 링크와 다중화 채널을 구분하시오.

3.2 확산 대역 방식과 그 목적을 정의하고, 확산 대역 방식 기법 두 가지를 나열하시오.

4. 실험기자재 및 부품

4.1 사용기기

- 함수발생기
- 전원공급기
- 오실로스코프
- 디지털 멀티미터

4.2 사용부품

- TDM 모듈
  - 저항(17개) : 470Ω, 1kΩ(7개), 10kΩ(7개), 100kΩ(2개)
  - 가변저항(4개) : 10kΩ(3개), 100kΩ(1개)
  - 커패시터(3개) : 0.01μF(2개), 0.1μF
  - IC : CD4017 decade counters(2개), CD4016 혹은 CD4066(2개), LM555 타이머, LM741 OP AMP, LM2907 FVC, IN4001 다이오드(2개)

5. 실험방법 및 순서

5.1 [그림 11-8]의 TDM 회로를 확인한다.

5.2 [그림 11-9] 모듈의 BJ5 단자를 전원공급기 양의 단자에, BJ6 단자를 전원공급기 접지 단자에 각각 연결한 후 9V의 전원을 공급한다.

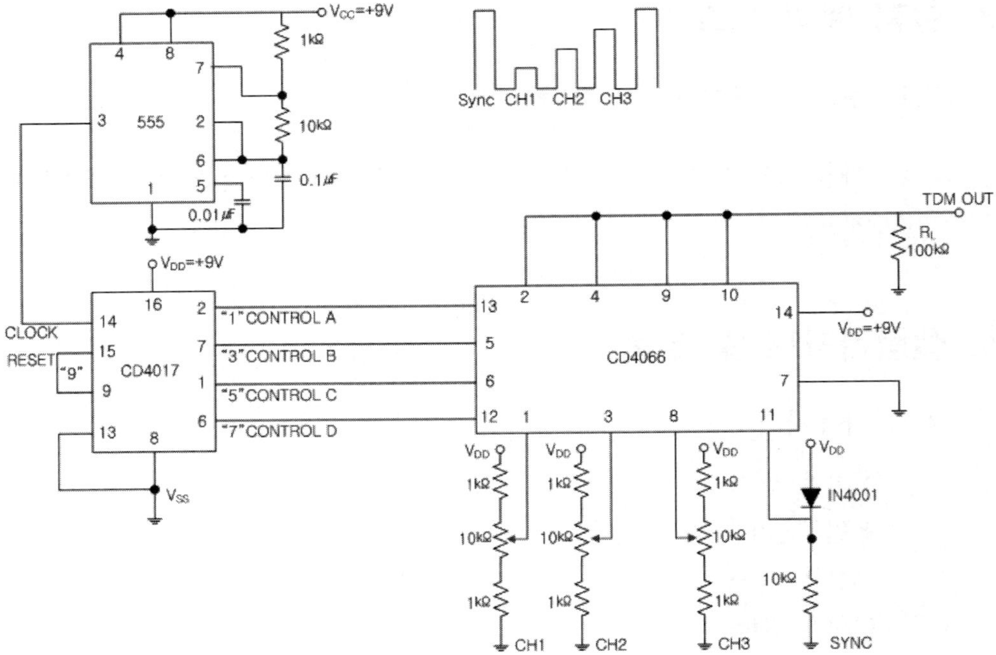

[그림 11-8] TDM 회로

5.3 [그림 11-9] 모듈에서 오실로스코프를 이용해서 LM555 비안정 오실레이터의 출력 주파수(V_{out1}, TP1)를 측정하여 실험 결과 보고서 1번에 기록한다.

5.4 TDM 출력(TDM out, TP2)으로부터 실험 결과 보고서 2번의 항목들을 측정하고 기록하시오. 그리고 그 파형을 그리시오.

5.5 실험 결과 보고서 3번의 항목들을 측정하고 기록한다.

6. 주의사항 및 주요 관찰사항

6.1 주의사항

- 채널 1, 2, 3의 진폭은 입력 가변저항 P_1, P_2, P_3에 의해 변환한다.

6.2 주요 관찰사항

- TDM 회로를 통해 한 주기에서 정해진 각 시간 간격별로 그에 해당하는 채널의 진폭만 출력되는 결과를 주의 깊게 관찰한다.
- 타이머의 커패시터를 바꾸었을 때, 프레임 시간이 어떻게 변화하는지 자세히 알아본다.

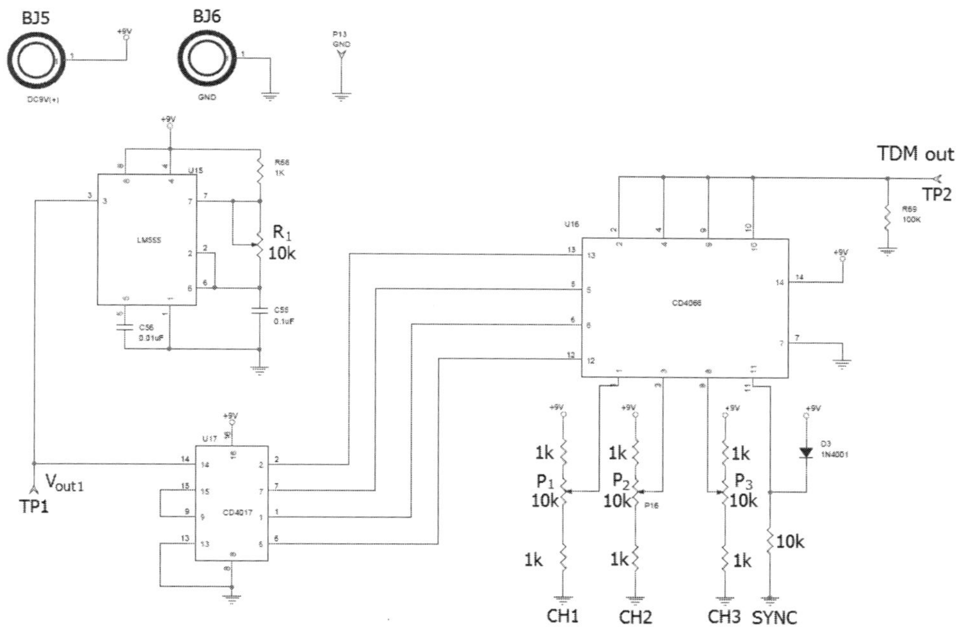

[그림 11-9] TDM 모듈 회로도

실험 결과 보고서

실험제목	실험 11. 분할 다중화(Division Multiplexing) 방식								
학　　과		학년		학번		조		성명	

(1) LM555 비안정 오실레이터의 출력 주파수를 나타내시오.

(2) TDM 출력을 측정하여 그리시오.

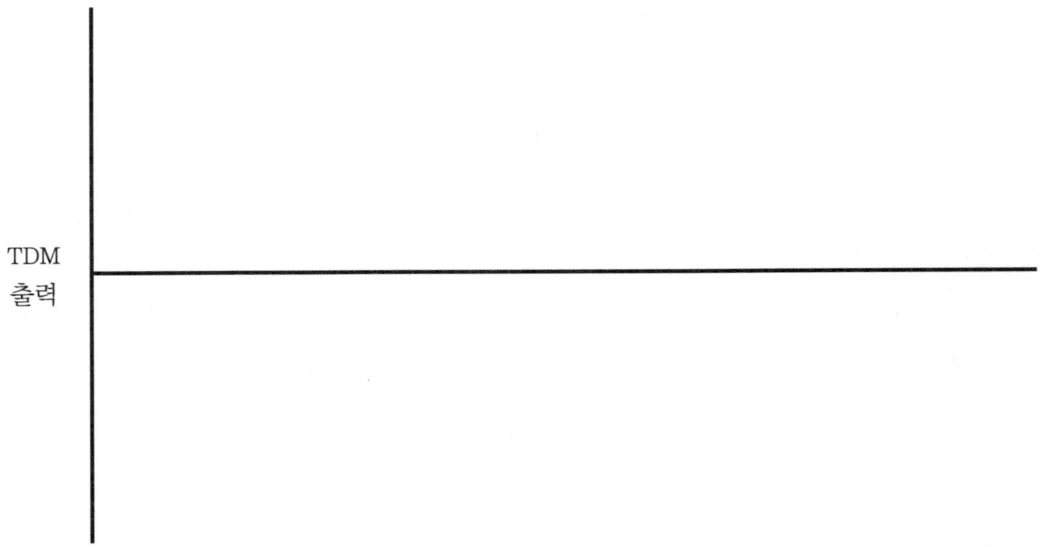

① 합성된 TDM 출력의 듀티사이클은 얼마인가?

② 100% 듀티사이클을 위해서 CD4017의 어느 출력을 사용해야 하는가?

(3) 합성된 TDM 출력의 프레임 시간을 측정한다.

① 프레임 시간 :

② 프레임 율 :

③ LM555 타이밍 가변저항 R_1을 10kΩ에서 1kΩ으로 변경 시 프레임 시간은 얼마인가?

④ ③의 경우 프레임 율은?

(4) 이번 실험을 통해 무엇을 알 수 있는지 자세히 기술하시오.

| 저자약력 |

김성운

1989~1993 프랑스 파리7대학 석박사

2000~2001 미국 NIST 초빙 연구원

現 한국 ITU-T SG15 의장 및 TTA PG210 프로젝트 그룹 의장

現 부경대학교 정보통신공학과 교수

류지열

1989~1993 부경대학교 전자공학과(공학사)

1995~1997 부경대학교 전자공학과(공학석사)

2000~2004 Arizona State University 전기공학과(공학박사)

現 부경대학교 정보통신공학과 교수

이원창

1979~1983 서울대학교 공과대학 제어계측공학과(공학사.)

1983~1985 한국과학기술원 전기 및 전자공학과(공학석사)

1988~1992 포항공과대학교 전자전기공학과(공학박사)

現 부경대학교 전자공학과 교수

주문갑

1988~1992 포항공과대학교 전자전기공학과(공학사)

1992~1994 포항공과대학교 정보통신대학원(공학석사)

1995~2001 포항공과대학교 전자전기공학과(공학박사)

現 부경대학교 정보통신공학과 교수

홍준표

2004~2008 한국정보통신대학교 전자공학과(現 한국과학기술원, 공학사)

2008~2010 한국과학기술원 전기 및 전자공학과(공학석사)

2010~2014 한국과학기술원 전기 및 전자공학과(공학박사)

現 부경대학교 정보통신공학과 교수

정가 8,000원

통신공학실험 [개정증보판]

2009년 2월 10일 초판 인쇄
2012년 8월 30일 개정판 발행
2016년 8월 30일 개정증보판 발행

저　자 : 김성운 · 류지열 · 이원창
　　　　주문갑 · 홍준표

발행자 : 우명찬 · 송　준
발행처 : 홍릉과학출판사
주　소 : 서울시 강북구 인수봉로 50길 10
　　　　01093
등　록 : 1976년 10월 21일 제5-66호
전　화 : (02) 999-2274~5, 903-7037
팩　스 : (02) 905-6729
e-mail: hongpub@hongpub.co.kr
http://www.hongpub.co.kr
ISBN: 979-11-5600-455-4

저자와의
협의하에
인지생략